智慧
改变人生

WISDOM CHANGES LIFE

陈武刚◎著

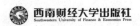
西南财经大学出版社
Southwestern University of Finance & Economics Press

图书在版编目(CIP)数据

智慧改变人生/陈武刚著.—成都:西南财经大学出版社,2016.3
ISBN 978 - 7 - 5504 - 2212 - 4

Ⅰ.①智…　Ⅱ.①陈…　Ⅲ.①成功心理—通俗读物　Ⅳ.①B848.4 - 49

中国版本图书馆 CIP 数据核字(2015)第 251218 号

智慧改变人生

陈武刚　著

责任编辑:王艳
责任校对:杨婧颖
特约编辑:明明
封面设计:李尘工作室
责任印制:封俊川

出版发行	西南财经大学出版社(四川省成都市光华村街 55 号)
网　　址	http://www.bookcj.com
电子邮件	bookcj@ foxmail.com
邮政编码	610074
电　　话	028 - 87353785　87352368
印　　刷	上海秋雨文化印刷有限公司
成品尺寸	165mm × 230mm
印　　张	17.75
字　　数	170 千字
版　　次	2016 年 3 月第 1 版
印　　次	2016 年 3 月第 1 次印刷
书　　号	ISBN 978 - 7 - 5504 - 2212 - 4
定　　价	38.00 元

智慧改变人生

作者：陈武刚

contents目录

第七章　善植无形，丰收有形

第一章

获取事业成功的九种必备品质

　　"木以绳直，金以淬刚"，成功的路途上注定不能春光无限，现实不会给我们所谓的心想事成。无论身处何境，心有何求，我们都要真诚地感恩生活的惠赐与拥有，用博大的心和忠厚的美德笑看漫漫人生的坎坷与不幸，收藏源自心灵的体会和感悟，风轻云淡，宠辱不惊。杨柳曼妙的舞姿，不是春风的召唤，而是它在历经寒冬之后的绚烂。

一念之间，人生迥异

　　美国密执安大学教授卡尔·韦克曾经做过一个实验。他将6只蜜蜂和6只苍蝇装进一个玻璃瓶中，然后将瓶子平放，让瓶底朝着窗户，然后观察发生的情况。

　　卡尔·韦克看到，蜜蜂执着地向着瓶底最光亮的地方寻找着逃生之路。最终在一次次的碰壁中力竭，或者因饥饿而死。但是，他发现苍蝇却在没头没脑地胡乱飞着，一般在两分钟之内就能误打误撞地找到瓶口的出路而逃生。卡尔·韦克认为正是由于蜜蜂对光亮的喜爱，认为光亮代表着出路，才最终导致了它们的灭亡。

　　蜜蜂在不停地重复着它们认为合乎逻辑的行动。殊不知它们的观念里却没有对玻璃的认识。因为受到固有观念的局限，忽略了或者不能正确地认识玻璃的阻隔，而无法顺利地逃生。

　　与之相反，在苍蝇的观念中，没有哪些因素是代表着出口，在毫无逻辑地胡打乱撞中寻找着自己的好运气。表面看来，苍蝇确实没有蜜蜂的智力高，但正是苍蝇这种看似愚蠢的观念却能够让它们重新获得自由和新生。

"观念"是推动历史不断演进的最大力量，而符合时代潮流的做法与观念，足以引导你取得"物竞天择，适者生存"的胜利。

每一个时代都有不同的背景，凡适应力较强的人大多懂得在不同的时空环境下扮演不同的角色，而每一个角色都能演得尽善尽美。相反，若不能很好地适应环境则会遇到很多困境，使当事者不胜其扰，终至灰心丧志、穷困潦倒。

举目四望，能主动适应环境或个性强势的人，大都是大时代里的佼佼者。他们在任何时代都能与社会水乳交融，展现自己的才华；而不同的适应能力也造就了人们迥异的人生故事。

这样的道理在我们的事业里被验证得十分清楚。愈是能够不断调适自我的人，也就愈能够挑战新的职位和角色。如果他能够积极地应对并适应挑战，即成为至高无上的成功者，名誉与财富已注定和他的人生长相伴左右。

因此，要想成功，就不能一成不变地因循前一个角色所需要的观念。当你接受新挑战时，你需要的是崭新的观念与做法，唯有如此才能赢得至高无上的胜利。曾经畅销一时的《穷爸爸与富爸爸》一书正是这种理念的最佳写照。背景条件相同的两个人，因为对财富的观念、态度和反应大不相同，多年后造就了一个贫穷、一个富裕的两极化结果。事实上，起初的差异仅在一念之间，由于心念的方向有所不同，人生的际遇也就大相径庭了。

或许我们都很精于为居家环境做清扫的工作，但又有几人懂得经常清点自己的头脑，革除已陈旧过时的心念污垢呢？

一般人很难逃脱被自己的习惯奴役的命运。而所谓习惯，就是重复不自觉地做某些事情，包括思想、举动、感觉、反应……值得探究的是，既然我们转换观念就可以过精神和物质上都更为富足的生活，为什么还是有很多人不肯弃少寻多、抛劣从优呢？

其中理由不可尽数，心理上的懒惰是其一，缺乏耐性与毅力是其二。人总是喜欢安逸而恐惧改变，对失败者而言，往往轻微的挫折都足以令他丧失奋斗的勇气，但现实却是唯有放弃旧的包袱才可能找到新的希望。

当你革除一个错误的旧观念时，内心难免或多或少会有焦虑感，不过这只是过渡时期的暂时现象。只要你愿意让自己站到积极与光明的心念这边，你迟早会成为成功的英雄人物。

有了符合时代需要的观念，你还需要付诸实践，这样才能知行合一，真正抵达成功的彼岸。行动有两层涵义：一是有清晰的目标；二是使用正确的方法。

爱因斯坦就是通过努力达到成功的榜样之一。20世纪最伟大的科学家爱因斯坦，通过不断更新、演进方程式，才有了相对论、质量和能量等价等惊人发现。在实验室里不眠不休工作的同时，爱因斯坦也身体力行，为人类解开了成功科学的谜团。爱因斯坦译码成功，他所留给世人的方程式是：成功＝努力＋正确方法－废话。

我们从许多富豪、企业高层，以及那些在体育、音乐等不同专业和技能领域卓有成效的人士身上发现，没有一个人天生注定会成功，正确的观念加后天的不懈努力才是成功的主因。有些国际级棋王的智商只有九十（正常人是一百），其高超的棋艺全是艰苦练习的成果；全球知名的投资高手巴菲特的成功也不是一蹴而就的，他花费了大量时间研读上市公司的财务报表，才能在股市中无往而不利。

有学者指出，一个人想要成功起码要努力十年。例如，十六岁就成为国际象棋巨星的博比·菲舍尔（Bobby Fischer），他固然在下棋方面有天赋，但不能忽视的是早先他有九年学艺经历的磨炼。不少令人羡慕的成功人士往往需要数十年的锤炼才能获得后来的成就。

目标清晰的价值在于：没有目标的努力会让人穷其一生而不得入成功之门。美国著名的成功大师拿破仑·希尔在其所著的《成功法则》一书中指出，设定明确的目标是成功的关键，九成以上的人正是因为缺乏清晰的目标而失败。目标清晰有以下五大益处：

1.培养成功意识

人很容易因为要达到目标而产生信心、进取心、主动性等有助于达到成功的特质。

2.培养专业技能

一旦目标清晰，你就会专注于有助实现目标的事情，有时还会自我训练相关的专业技能，这会很快拉近你和目标之间的距离。

3.对机会更有敏感性

目标明确会使人对有助于成功的事更加敏感，因此会比其他人容易抓住机会。

4.提高决断力

世间瞬息万变，有明确目标的人碰到机会后，可根据自己的计划迅速做出决定，且不会经常改变主意以致影响大局。

5.促进结盟与合作

有明确目标的人会在言谈与行为中散发出一种特质，令别人注意并信赖他，愿意与之合作，增加彼此成功的机会。

"天生我才必有用"，每一个人都有独特的长处和成功的潜能，问题在于我们是否有获得成功的决心，以及所定的目标和所用的方法是否恰当。支持你成功的条件，必会因为时空背景的变换而需要不断更新，唯有不断掌握新的方法才能保证你能在成功的大道上继续向前迈进。

从事国际营销这个行业后，无论在何时何地，我最常与人分享的美好经验都是：善用信念的力量，改变旧有的习气，采取具体的行动，成功必将属于你！

事实上，上面这段话经过实践证明是行之有效的。所谓"水往低处流，人往高处走"，古往今来，人们总是盼望一代传承一代，能够过上更优裕的生活，获得更高的成就。不过，如果人们始终固守旧观念和旧习惯，而不能"苟日新、日日新、又日新"，历史将不会有所改变，文明也不会有所进步。换句话说，当时代的巨轮永不停歇地前行时，人类必须不断地转换观念，主动自我提升与转变，才能开创光明的未来。

热情与感恩是成功的臂膀

2008年年底的一天，一位顾客走进台湾的一家7-ELEVEN便利店，刚进店便体会了服务人员彭小姐的朝气和亲切。顾客拿起牛奶问她："有没有保存期限到1月30日的牛奶？"

彭小姐确认没有后，立即向顾客致歉，并表示如果真的需要，她可以打电话询问附近的分店。

顾客又以感冒为由，要求彭小姐用微波炉替他加热牛奶。彭小姐笑着询问："您是要很热的，还是温温的即可？"

加热完成后，彭小姐还进一步提醒，"牛奶瓶底较烫，千万要小心"。接下来顾客故意向彭小姐借购物篮，表示希望把东西拿到车上，这样就不用浪费塑料袋。彭小姐依然亲切地回应："好的，没问题。"

她立即拿出购物篮，并协助顾客将物品放入篮内，还不忘询问顾客，"需要我帮您提到车上吗？"彭小姐热情周到的服务让顾客感动不已。

其实，这位顾客有着特殊的身份——营销服务业调查员。当时，台湾《远见》杂志针对营销服务业进行了一次服务质量大调查。他们找来包括这位调查员在内的数十位拥有服务验证执照的调查员担当神秘顾客，让他们走进为消费者服务第一线的现场，最后选出给他们留下了最深刻印象的十位"天使服务员"与十位"魔鬼服务员"。

获选的十位"天使服务员"分别具备以下特征：

守护天使：顾客优先，客人的利益重于一切。

耐心天使：在他们眼中，没有挑剔无理的客人；在他们的脸上，不会出现不耐烦的神色。

专业天使：专业好感度足以让产品更具有价值。

信赖天使：只要建立了信任与尊重，不怕顾客不上门。

细心天使：在必要的时候伴随在顾客身旁，为他们精打细算。

同理心天使：不说官样文章，设身处地为客户分忧、解难。

热忱天使：态度主动、积极，把顾客的事当成自己的事。

窝心天使：小事物大体贴，服务周到得令人心暖。

微笑天使：笑容传递商品，服务加量不加价。

而获选的十位"魔鬼服务员"则有以下特征：

无心魔鬼：服务沦为形式，没有热情，脸上总是带着明显的不耐烦。

脾气魔鬼：效率不佳、态度傲慢，甚至指责顾客。

推诿魔鬼：视客户需求为麻烦，拒绝协助。

敷衍魔鬼：只顾维持门面，忽略客人的内心感受。

无礼魔鬼：对客人的需要消极应对，吝于展现善意。

粗鲁魔鬼：嘈杂不自制，专业素质太差。

冷漠魔鬼：事不关己，造成顾客诸多不便。

僵化魔鬼：不知变通，失去人性化的服务本质。

势利魔鬼：缺乏职业道德，为求己利，不惜欺瞒顾客。

在顾客眼中，彭小姐便是一位微笑天使，我们在为她将心比心的表现而喝彩的同时，是否能从她的专业态度中得到一些启发呢？

对，就是她的热情！服务人员只有饱含真挚的热情和感恩的情怀为顾客提供服务，脸上才能表现出真诚的笑容，才能真正为顾客着想，在细节上追求尽善尽美。这样的人无论做什么事情，最终都能赢得人们的认可，取得人生的成功！

美国著名的作家爱默生曾经说过："有史以来，没有任何一项伟大的事业不是因为热情而成功的。"这不仅是一句单纯而美丽的警语，更是一个指向成功的路标。真正的热情不单是一种氛围，更不是流于表面，它必须源于对生命的热爱、对目标的执着。我们只有充满热情才有能量融化周遭的冷漠，传递源源不绝的感动，进而使人昂首阔步，勇往直前。成功的事业需要诚心诚意的投入，而这种投入源自内心的热情。

我们再看看什么才是事业呢？事业不是一朝一夕的工作，而是持之以恒的追求；事业不是可有可无的应酬，而是矢志不移的奋斗。当你心甘情愿地为一件事献出自己的智慧与精力时，必定能够从这件事中获得最大的满足和愉悦感。这样，你就已经在从事一项真正的事业了。

对一个充满热情的人来说，无论自己正在从事的是简单的体力劳动，还是复杂的脑力工作，他都会毫不犹豫地认为自己的工作是神圣的天职，从事这项工作是在追寻自己的兴趣和爱好。这样，无论他在工作中遭遇多大的困难，自始至终他总会用乐观、积极而理性的态度去面对，并拿出坚定的决心和必胜的勇气去战胜困难。

热情是战胜困难的强大力量。热情能使你保持清醒，使你全身的神经都处于兴奋状态，还能不断地推动你去做自己内心最渴望的事情，并帮助你排除阻碍去实现既定目标。

在行销事业中，伙伴们不仅要以热情的心态服务每一位客户，还要将感恩的理念融入日常的每一项工作中，这样才能从容地面对各种磨炼与考验。

感恩是一种积极、乐观的生活态度，活在感恩的世界里是一种充满智慧的生活情境。因为每一件事的发生都有其必然性，但每一个人对事情的反应却不尽相同。悲观的人只看到事情负面的一方面，而乐观的人则能够看到正面的意义；思想狭隘的人往往认为事物只有一种意义；思想开放的人则会从不同的角度审视事情多元文化的意义。正如武侠小说《笑傲江湖》中的主角令狐冲，他勤练吸星大法——别人打在他身上的掌力愈大，他所增长的功力也愈大。

我希望伙伴们都要做乐观的人，感激斥责自己的人，因为他促进了你的觉醒；感激绊倒自己的人，因为他强化了你的能力；感激遗弃自己的人，因为他教导了你应该自立；感激欺骗自己的人，因为他增长了你的见识；感激伤害自己的人，因为他磨炼了你的心志……当别人对自己的伤害愈大，你所得到的磨炼也愈大。如果在逆境中，自己心理越来越强大，人生也就会更富有意义。

上面提到的"感恩的对象"并不局限于生死关头对你伸出援手的救命恩人。不论是上班族、家庭主妇、学生或商贾，只要活在世上一天，就必定会遇到值得感谢的人。

红极一时的日本营销天王中岛薰，经常出席各种商业社交活动，并不吝分享他成功致富的情绪商数（EQ）与金钱法则。他认为，养成感恩别人的习惯确实可以让自己受益。

当你常常设身处地为他人着想，他人也会投桃报李于你。当愿意帮助你的人累积愈多时，你处理事情就会如鱼得水，能很快建立起自己的人脉与声望，这些因素可以帮助你致富。

此外，个人的想法也会影响旁人。如果你时常对别人表达感激与关怀之情，渐渐地别人也会开始在意你，注意你的生活过得好不好、需不需要别人提供帮助等。

在现代社会，凡事都讲求快速地应对、解决，我们与别人的沟通与了解往往只能建立在短短的几分钟之内，我们与客户交谈时，可能在几分钟内客户便已决定是否要做这笔生意。

热情与感恩是一剂有助于良好沟通的特效药。当你让对方"感受"到你的热情时，你便能挑动他的"感受"，触动他的心灵。可以说，我们会不会展现自己的热情与感恩，在今天的"快餐时代"尤其重要。那么，我们在与顾客互动的极短时间内，如何使之感受到我们的热忱呢？

下面这些方法简单易学，建议想要成功的人士不妨一试！

●眼睛有表情、肢体有感觉、声音有热情。

●互动时，你的眼睛要看着对方的眼睛，这种"看"并不是"瞪"，而是带着善解人意的表情。

●沟通时，带着亲切的微笑，无论如何都不要皱眉头，以免让对方误以为你已不耐烦。

●面对顾客时，将身体微向前倾看起来会比较谦虚，能让对方觉得被关切。听顾客说话时要适当点头，表示你的关注与理解。千万不要双手抱胸，否则不仅显得自大，也容易让对方觉得你漫不经心。

●说话时，让自己的下颌稍稍突出形成微笑曲线，这样发出的声音便更富有魅力。说话时最好不要低着头，当我们低着头看资料说话时，不但别人会听不清楚，而且会使自己的声音显得呆滞而没有感情。

随着你所加入的事业的发展，需要提供的服务项目也愈来愈多。尽管提供的产品与别人不一定相同，但服务的心却是一样的。如果能够善用与别人互动时的基本礼貌，你的满腔热血就能百分之百地传达给客户并得到良好的反馈。

"人者，心之器也"

　　在美国加州长堤纪念医学中心，曾有一位病人"久病成良医"。这位病人脖子上长了一颗肿瘤，他每天研读最新的医疗报告，发现芝加哥的医学研讨会上有人提出马的血清对消除肿瘤有奇效，便不断要求医生给他注射马的血清。医生被他缠得不耐烦，只好替他打了一剂盐水针，并告诉他"打的就是马的血清"。

　　过了几天，医生再为他检查病情时，惊奇地发现这位病人脖子上的肿瘤消失了，"就像雪球在火炉上一般融化了"。当时医生在病历上这样记录。

　　可是有一天，病人又看到一份医学报告上说，最新的研究发现马的血清对于肿瘤是毫无疗效的，他心头一惊，便倒地不起了。

　　从此以后，科学家们就开始关注"安慰剂效应"。他们发现心理疗法的作用非常之强，只要病人相信某种药品是特效药，那种药就可能有减轻病情的作用。

对于人们在遇到困厄时如何应对的问题，中国古代的智者其实早就留有锦囊妙计——攻心为上，即增强信心与信念。这是宇宙间化腐朽为神奇、变不可能为可能的关键钥匙。

人者，心之器也。心理作用对于人类行为影响效力之大，影响范围之广，可谓"无所不至，无所不包"，这在临床医疗上已得到实际的佐证。

1999年，哈佛大学发现只划开皮肤，并没有真正动手术的"假手术"的疗效，居然可以高达80%，甚至比真正动手术的效果还要好40%。因此，最近脑造影技术进一步发展后，神经学科学家便在大脑中寻找"信心"的所在地。

实验者给受试者看一些简单的是非题，并在他们做"是"或"否"的选择时扫描他们的大脑。结果发现，"是"与"否"在人的脑前额叶皮质起作用的地方不尽相同。"是"的反应时间会比"否"快了很多，这表示"是"和"否"是由两个不同的系统负责的。一个人如果相信了某句话，这句话就会转为思考的根据并成为行为的来源。

这个实验发现，人类的决定都和情绪有关。选择"是"的反应，与大脑中掌管反馈、奖励、吃了好东西和闻了香的味道的"快乐中心"，是相同的地方。接受一句话、相信一个人和回答"是"的时候，我们的心情和语气都是快乐的。可见，人们喜欢相信别人，是因为相信可以带给我们快乐。其实，人类的天性中本来就倾向于相信别人，直到它被证明为不正确的，态度才会有所改变。

人的行为和情绪会直接受到信念的影响。虽然大脑很多高功能的区域都跟"是"与"非"的决策有关，但是，最终做决定的地方却是比较原始的"快乐中心"。换句话说，我们正向思考的时候，容易产生"信念"的力量，而且个人的快乐指数也是相对较高的。如果我们愿意从历史里面寻访智慧，你会发现，世界上所有的丰功伟业，几乎无一不是对抗"不可能"后的成果。因此，只要深信自己的所做所为是对的，就应该热忱地投入，不计困难地达成使命，不要让任何事件或负面的情绪影响你的行动力。在人生的旅途中追寻自己的梦想时更应该如此。

梦想，每一个人都曾经拥有过，但往往只有少数人才会敢于追逐，这些人的境界与勇气真是令人钦佩，正所谓"虽不能至，心向往之"。但舜何人也，禹何人也，有为者亦应如是。那么，为了自己的信念、为了梦想，我们何不尝试一下"向自己下战帖"的滋味呢？

向自己下战帖，也就是要求今天的自己能够战胜昨天的自己，明天的自己又能比今日略胜一筹。这样日积月累的走下来，每天的一小步就能成为开创出另一番新局的一大步。但是，如何才能让自己不断地往前迈进呢？

设定方向与目标是其中不可或缺的一环。就像一艘航行在汪洋大海中的船只，除非它有明确的航向和目标，否则不管风向如何，对这艘没有方向的船只来说都不会是"顺风"。船只如此，人亦如是。一个没有目标的人仿若随风飘荡的航船。因此，作为自己人生的掌舵人，我们应把眼光放远，及早勾画出自己所想要的未来。这个愿景会成为我们行事做人的精神指标，让我们集中精力，每一天都无所畏惧地挑战昨日的自己，最终创造出自己的锦绣前程。

一个拥有生活目标的人必能善用时间与机会。当大多数人都在得过且过，散漫、凌乱地浪费时间时，有目标的人却往往能步伐坚定、条理分明地运用时机，一点一滴地超越自己。因此，我们不但应当规划出人生的大愿景，也应踏实地从每一天的小事情做起，一步一个脚印地慢慢积累出未来的一大步。

每天的一小步意味着我们会持续不断地努力，不以善小而不为，整日埋头苦干、实干。外表看来，或许我们只是芸芸众生之一员，但内在里，我们已开始具备成功者所拥有的"不平凡的决心"了。事实上，凡是成功的人都有这样的特点，那就是一颗永不放弃的心和永不停止的努力，就像想看日出的人必须守候到拂晓一般，想要突破自己，也必须要"多一点用心，多一分坚持"，同时立刻停止负面的思考，只表现正面的自己。

在我眼里，我们身边的每一位伙伴都是"多一点用心，多一份坚持"的成功候选人。我们要做的，是把这份用心与坚持转化为可行的目标，并将它具体化、实践化。每一天，我们都循着目标前进，就像万丈高楼平地起，每当白昼已尽时，我们都要检视自己是否已完成了当日的目标。如果成绩不尽如人意，也不能灰心丧气，而要不断总结，调整自己的步伐。

综观名垂青史之人，几乎无一不是经历过挑战自我，战胜自己的人。这条心路正是通往锦绣前程的必经之途，我愿和伙伴们一起牵手走过。

野百合也有春天

在变动愈来愈频繁的时代，英明的成功者似乎日益稀有。如今是一个没有英雄的时代，但每一个人都得面临挑战。在我们身边，平凡小人物不懈奋斗的故事，要远比天赋异禀者平步青云的"神话"多得多。

相信在有限的人生中，大多数人都希望自己能够变得卓越，不过，在获得成功之前，我们首先要意识到你我皆是普通人。那么，究竟有没有一条通道可以让我们最快速地从平凡实现卓越呢？答案很简单：我们要具备积极向上的心态，并付出脚踏实地的努力，二者缺一不可。

孟子说："人者，心之器也。"意思是人类之所以会产生个别差异，是因为每个人心思的波动都有所不同。那么，人们心思的波动又有何不同呢？例如，有人凡事都往好处想，行住坐卧之间总是心存善念，结果种瓜得瓜，种豆得豆，他的人生便以顺境居多。相反，有人相信人性本恶，世间不如意者十之八九，因此，在"疑心生暗鬼，祸福自招"之下，最终应验了那句"人生的阴天远比晴天多"。

你的人生究竟是彩色的还是黑白的？你究竟希望阳光普照还是阴霾笼罩？孟子告诉我们，世间之结果完全是由我们自己的心态决定的。

其实，如果我们明白这个道理，便会直接领悟另一个道理——"天下无难事，只怕有心人"。难怪心理学家会告诉大家，只要你肯每天面对镜子大声告诉自己"我一定会成功！"你离成功就不会太远了。

因此，想要成功的营销者要拥有良好的信念，并能够娴熟地运用它，使其成为一种无坚不摧的精神力量。这样的信念包括以下几个方面的内容：

第一，要有永远学习的精神。

市场的销售业绩多半源自技术和创新。而营销人才除了推销创意之外，还要具备智慧、经验和动力，必须不断地强化学习以便全面掌握市场动向并从中获利。不过，如果要想让自己的获利倍增就要不断学习。一般而言，成功的营销者大都有按部就班学习的习惯。因此，我们在四十岁以后应着重于再学习、再教育，如此才能应付变化快速的市场需求。

第二，要有积极进取的精神。

随时随地运用美国著名心理学家墨菲（Gardner Murphy）所提出

的"心象法则"，保持乐观进取，让自己的潜意识充满正能量，如此必定有成功的一天。

第三，要有接受竞争的精神。

良性的竞争原本就是进步的原动力。如果你能见到一山比一山高，从而产生攀顶的欲望，那你就已具备了成功者的心态。记住！成功的营销者永远要保持冲刺状态，千万不要沉湎于过去的业绩，而被以往的成功打败。

第四，要有独当一面的老板精神。

雇佣心态会使你在气量、见识、人际关系等方面都比当老板的境界略逊一筹。因此，你唯有具备独当一面的老板精神，才能够扩大自己的气量。否则你必会错失学习当老板的机会。

凡成功的营销者都知道，你所推销的不只是物品，你本身的心态、见识与修养也是自我营销的重要成分。营销高手必谈修心之道——心若正，人则不乱；心不正，万事则漫无头绪。当你拥有了超人一等的心态后，还需要脚踏实地地努力工作，才能在未来某个你意想不到时候品尝到成功的喜悦。

有位学者曾经写下这样平实而睿智的一段话，"有工作可做、有生活目标的人是幸福的，他已经找到了自己应该做的事情，并且会继续做下去。如同有某种高贵的力量在苦涩、贫瘠的盐碱地开凿了一条流动的运河。而一旦开凿，它就会像河流一样，日夜不停地向前流去，把又咸又苦的盐碱水从草根的底部清洗掉，把贫瘠的盐碱地转变成郁郁葱葱的草地。工作本身就是生活，除了从工作中得到经验，你不可能会有其他更有价值的经验。" 简而言之，日复一日的勤奋工作正是我们迈向成功最坚固的基础。

在清代文人刘蓉所著的《习惯说》中有句话说得很贴切，"一室之不治，何以天下家国为？"意思是要成就大事，一定要从完成最基础的工作开始。所谓"登高必自卑，行远必自迩"，实为颠扑不破的至理名言。

在工作中，我们不可轻视每一件小事的重要性。人生所谓的大成就，无一不是由许许多多的小事构成的。小事是大事的材料，大事是小事的集合，一旦我们不停地关注那些自己能够完成的小事，不久之后就会惊奇地发现我们不能完成的事实在少之又少。

要做好小事，就必须从态度上做到认真对待，养成"认真从小事做起"的习惯。尤其是当你作为新人刚进入公司时，一般情况下还不能独当一面，只有耐心的经历过许多磨炼之后才能踏踏实实地完成建构地基的阶段。这个阶段，你千万不要自怨自艾，而应该将这个阶段视为一个机会，从中尽可能地汲取经验，逐渐树立起良好而值得信赖的个人形象，为日后的事业打下基础。

当职业棒球选手铃木一郎还是小学生时，他在一篇名为《我的志愿》的作文中就写下了"我要成为职棒明星"这一理想。他的父亲得知儿子从小就怀抱成为棒球选手的梦想，就对他说："如果你是认真的，就必须要付出比别人更多的努力！"

于是，铃木一郎坚持每天练习，一年三百六十五天无论是下雨还是假日，他没有一天休息，总是积极努力地琢磨球技。可以说，这是铃木一郎从平凡到卓越的路程中天天都做的功课。

　　其实，铃木一郎并非天生的棒球好手。在进入世界少棒联盟后，他更积极地练习挥棒，练到双手磨破，到后来他球棒的握把部分尽是暗红色的血迹。世界少棒联盟的每一个少年选手都怀抱着梦想，但只有铃木一郎是以"血的锻炼"朝自己的梦想前进。也因为这样的努力，铃木一郎终于成为顶尖的职棒选手，他不但是日本职棒史上第一位击出二百只安打的选手，更成功打进美国职棒。他的年薪近三十亿新台币，是大联盟年薪最高的亚洲球员。

　　所谓"万丈高楼平地起"，摩天高楼也是从平地一层一层地盖起来，这世上的万事万物也无一不是由基础开始，从零到有、从小到大，一点一滴逐步发展，最后才能聚沙成塔获得成功。这种成功得来绝非偶然，不是走捷径或者一步登天，如果能够悟出这个基本的道理，我们不仅在工作和求学时能够获得稳健的成果，就连我们经营的事业也会因为稳扎稳打而逐步踏上永续经营的人道。

　　一个人若能坚持积极向上的心念与坚持务实的精神，便是悟出了"万丈高楼平地起"的实质。久而久之，他终究会有机会由普通人脱胎换骨，成为一位受人敬仰的卓越成功人士。

吃苦就是吃补

在我国古代，有一位名叫纪渻子的斗鸡师，有一次，齐王要他训练一只斗鸡。纪渻子接受任务后，过了十日仍没有消息，齐王等得不耐烦，催他，纪渻子回答说："还不行，此鸡生性自狂、自傲，只会虚张声势，遇到强者，其实不堪一击！"

齐王又等了十日，再催问如何。纪渻子答说："此鸡不够沉着，一听到其他鸡叫就会冲动，还没有大将之风！"齐王听了很失望，不再催问。

十日后，纪渻子报告："大王，斗鸡训练好了。因为此鸡现在听到其他的鸡啼叫仿如不闻；见到其他的鸡跳跃，仿如不见，简直就像一只木头鸡般气定神闲、从容安详，已是全德全能。其他斗鸡一见到它就落荒而逃。能够不战而胜，这才算是真正的斗鸡了。"

纪渻子训练斗鸡的故事告诉我们，真正的大将之才绝不是一蹴而就的。若要增加才干的指数，应有"吃苦就是吃补"的心理准备。拥有才干的人并非天生英明，真正能支撑成功者历久不衰的才干，事实上是一种"永无止境地学习与成长"的心态。唯有抱着谦虚的态度刻苦学习，不停地为自己的才能加分，成功的果实才是真实不虚的。

处在信息爆炸、环境快速变迁的21世纪，愈来愈多的人感受到压力无所不在。在相同的环境、条件与考验下，为什么有的人能够破茧而出，不断地迎难而上，成为生命竞赛中最终的胜利者，而有人却走不完全程，总是在淘汰的漩涡中沉没？

凡是细心体会人生的观察者大概都会同意：态度决定命运，成败只在一线之间。你是一个愈挫愈勇、不屈不挠的参赛者，还是一个很容易受伤、自怜自艾、一蹶难振的退缩汉，这些观念足以造成结果的天地悬隔。

相信大家都在小学的教科书里读到过小鱼儿逆流而上、力争上游的故事。尚在幼年的一代伟人从中得到人生的启示，在无数败阵的战役中愈挫愈勇，成年后果然卓尔不群，成为国家领导人。值得一问的是，如果看到同样的现象你会做何反应呢？

西方有句谚语说："滚石不生苔。"东方也用相同的智慧提醒人们，做人、做事倘若只有五分钟热度往往会功败垂成，终无所获。"滚石不生苔"的道理，运用在工作领域尤为贴切。许多刚刚毕业的年轻人眼高手低，但又缺乏实际经验，在职场上稍遇挫折便萌生辞意，如此一个接一个打退堂鼓，不仅无法磨炼专业技能，更没法构建至为可贵的人际网络。

把吃苦当作吃补，遇到挫折也视为过程中的必然，用谦卑的态度虚心受教，在岁月的淬炼下日渐成熟，公司在考量重要的升迁人选时，抗压、抗挫折的能力会成为将才的加分选项。因此，只要我们把吃苦当作吃补，有朝一日终会出人头地。

抗压、抗挫折能力的具体表征就是个性上不屈不挠，有坚韧不拔的韧性。孟子有一段话，足以说明其中的意义："天将降大任于斯人也，必先苦其心志，劳其筋骨，饿其体肤，空乏其身，行拂乱其所为，所以动心忍性，增益其所不能……"千百年来，这段话历久弥新，显现出历史的重任永远只有被充分磨炼的人才能担当得起。因此，一旦有任何苦其心志的考验就束手就擒，有身体耐力的折磨就俯首称臣，或者只有几天三餐不继、身无分文就丧失人格与斗志……哪里还有可能坚持到苦尽甘来的下一步呢？更重要的是，自己在性格和体格上的不足之处，将成为永远的缺憾，已无机会增补强化，人生的发展格局必然也就到此为止了。

事实上，能吃苦、不屈不挠的态度在特别强调人际关系的营销行业尤其重要。人是情绪化的动物，在面对面的互动过程中，难免受到对方好恶的影响，若好则喜，若恶则忧。但情绪是会随时转换的，如果一味受限于前一次的受挫经验，就会被失败的阴影牵着鼻子走。

"精诚所至，金石为开"，在人际关系里可以说是一剂万灵丹。只要抱着不屈不挠的态度，即使是铁杵也有机会被磨成绣花针。何况人们总是见了面留三分情，除非自己裹足不前，否则胜算绝非镜花水月。

最近坊间流行的一本畅销书——《逆境之后，必有祝福》清楚地为在逆境中不屈不挠的勇者指出了希望与方向。逆境是锻炼心志的天堂，只要你坚韧不拔，用耐性面对一切障碍，必可过关斩将，赢得最后的胜利。真正的完美成功者，是吃得苦中苦后方能成为大智、大仁、大德的人。

以美德赢得未来

几年前，曾经有一名女士因为听说某品牌的UPS电源能够稳定电压、保护电器，就信以为真地来到计算机用品商店购买，想用做家里新买的电冰箱的电源保护器。

这家电脑用品商店的老板详细问清女士的来意之后犹豫了。他想：卖还是不卖？卖，这种电源保护器对保护电冰箱毫无用处；不卖，到手的"肥肉"就会丢掉。犹豫再三，商店老板的良心战胜了贪欲。他向这位女士仔细讲解了该电源的用途和电冰箱的耗电原理，劝她不要花几百元钱买一个对自己来说无用的东西。这位女士先是不解，当明白商店老板确实是一片好心时，便由衷地感到敬佩。

第二天，这名女士带着她丈夫来到了这家商店，并且非常痛快地购买了一台价值不菲的计算机。因为他们觉得从这里购买商品是可以完全放心的。

从此之后，他们逢人便讲这家商店老板的良好品德，他们的几位亲戚、朋友受到感染，也从这位老板那里购买了不少东西。

具有良好品德的人不仅能赢得对方的心，而且还能赢得周围人的心，凡是知道他具有良好品德的人都愿意与之交往。

我的事业集团创立至今20多年来，数度遭逢外在环境突变的考验，但我总是用一颗平常心，像迎接四季的流转般自然看待事业的巅峰与谷底。不经一番寒彻骨，哪得梅花扑鼻香呢？这是大自然生生不息的运作规律，只要在天道间找出前进的力量，就可顺势而为，愈战愈勇。这种力量需要勇气和品德共同铸就。

拥有良好的品德，则是从事营销工作的人能否建立个人品牌的关键。在我们的事业中，最珍贵的品德就是"诚信"，诚信意味着诚实，能够让他人信赖。诚实不仅是必要的待人之道，也是应有的自处之道。一个能够对自己诚实的人比较容易建立真正的自信，因为他认识自己，对自己的强项有信心，对自己的弱项也有自知之明。

一个人的强项犹如盖房子的基础，地基打稳了，楼房便可一层层地盖上去。强项愈强或强项愈多，楼层便可愈盖愈高。不过，只认识自己强项的人往往流于自负与自傲，唯有诚实地面对自己的短处、善用自己长处的人，才能发挥其优势，铸就自己的人生。

相对而言，能够诚实地对待顾客，因此赢得信赖关系的营销人员，久而久之，一定会成为市场上远近闻名的金字招牌。在这个社会价值观混乱的年代，浮夸不实纵能攫获一时的销售机会，但短暂的成功有如杀鸡取卵，足以断送人生的后路，实在是得不偿失的；而诚信的光芒就像璀璨的钻石，是历久弥新、永恒不灭的，一旦你树立了诚信的口碑，这两个字就慢慢地和你的名字挂钩，变成了你个人的品牌，享有市场竞争下的绝对优势。

支撑我们的事业不断前进的另一种力量就是勇气。勇气，是一种面对畏惧、痛苦、风险、威胁与不确定的能力。"勇气"的英文"courage"这个单词很有趣，它源于拉丁字根"-cor"（心）。所以勇气代表着要"与心同在"。心的道路代表着远离过去，允许未来的发生。

一个真正的人总是愿意走入未知领域去冒险，他的心永远为出征做好了准备。这场冒险之旅，是从已知到未知、从熟悉到陌生、从安逸到劳顿……朝圣的路上可能充满险阻，而你不确知目的地在哪里，也不知道是否上得了岸。勇敢的人无视恐惧的存在，他只管投入未知。在心的起始点上，一个胆小鬼和勇敢的人差别并不大，两者的唯一不同在于：胆小鬼会听从恐惧的话，而勇敢的人则把恐惧放在一边，径自勇往直前……

希腊哲学家亚里士多德曾指出"过少的勇气会导致怯懦，过多的勇气则会使人鲁莽"。在实际生活里，我们无论年龄大小，阅历多少，都需要用勇气来跨越生命中的每一道鸿沟。我们时时刻刻都在练习"如何勇敢"，也需要源源不绝的勇气来面对生活里的每一刻。

因此，如果你的生命正面临就业、失业、业绩、人际变迁等考验，务必静下心来，让与心同在的勇气征服怯懦，勇敢地深入探究现实；让勇气带领你突破过去，孕育出未来各种新的可能性。

面临关键时刻，能否当机立断，则考验着你是否具有足够的魄力。魄力，意味着临事的胆识和果断作风。这种特质从何而来呢？人的魄力是从理想中来，从信念中来，从毅力中来。魄力，源自于思考后的选择和判断，选择和判断之后所以果敢，是因为思考的深入和信念的坚定。

而魄力的本身必须以智慧为先导，没有智慧的魄力只能说是鲁莽。这样的智慧，又源自于敏锐的观察、深刻的思考和坚持不懈的努力。一般而言，情感冷漠、意志薄弱的人，是很难拥有智慧和魄力的。

一个拥有魄力的人在顺境中，或者说在可以有所作为的环境中，必然能革旧除新、锐意进取、引领风骚；若处于逆境，或者是在充满阻力的环境中则能力排众议、不畏强势、敢做敢当。那种永远在等待，寻找下一个太平盛世才敢有所作为的人是远远称不上有魄力的。

我在工作中可以看到各种不同人格特质的伙伴，要特别大力荐举的正是魄力型的从业者。有魄力的伙伴会以自己的气魄和胆识感染周围的人，从而营造出集体进取的气氛。如果你是经常梦想馅饼会自动从天上掉下来的人，"魄力"一词也就和你没有什么关联了。英国大文豪狄更斯在《双城记》里写道："这是最光明的时代，也是最黑暗的时代；这是最好的时代，也是最坏的时代……"其中的分界点，在于你是否能用勇气与魄力走出黑暗，迎向光明。

当然，勇气、魄力、专注、品德都不应当是转瞬即逝的流星，它们绝对需要长时间的培养与坚持。如果你相信这样的价值，并且愿意一步一个脚印地身体力行，那么，在未来海阔天空的世界里，你就是一个准备好了的人。让我们一起迎向前去！

忠厚做人才会有好报

一个朋友提到，他们办公室有位同仁被调到新成立的部门去做主管，在欢送会时，他志得意满地大放厥词，说了不少批评大家的话，把原来办公室里的每位同事都得罪了。想不到因为经济不景气，他又被调回原来的办公室，他看到同仁时显得相当尴尬，大家进进出出，也刻意绕过他的座位避免照面，没多久，他只好辞职了。

上面的故事中值得我们吸取的教训是，千万不要藐视任何一个和你产生互动的人，也不要轻易说出任何一句足以伤害彼此感情的话，因为山不转路转，我们的确难以预料人生境遇的转变。如果你在人生的道路上一味地与人为敌，而不懂得广结善缘，你之后的道路一定会愈走愈窄，并极有可能会和得罪过的人狭路相逢。

日本幕府的德川家康出生在弱势的三河国，六岁被送往今川家当人质，在路上被人绑架，卖到他父亲的敌人——织田信长家。对方写信要他父亲"弃绝今川，改从织田"，不然就要杀掉他。德川家康的父亲说："要杀便杀，我岂能为儿子失信。"但由于德川家康从六岁起就被囚禁，练就了极强的忍耐力。他能够忍人所不能忍，别人再怎么挑衅他都可以按兵不动。直到时机成熟了，他才一举出击，最终马到成功。

德川家康从小就领悟到，兵器锐利固然重要，但使用兵器的人更重要。1582年，武田胜赖战败后切腹自杀，他的首级被辗转送到了德川家康的阵营。德川家康听到箱内装的是武田胜赖的首级便立刻站起来行礼，然后召集部将，很正式地祭拜武田胜赖，德川家康还对部将说："武田胜赖这么年轻就壮志未酬，真是令人惋惜。"他尊重的态度和惋惜的话语立即传到了武田的故国。

在此之前，武田的首级也曾传到了织田信长的阵营中，织田信长则破口大骂，说他是咎由自取。对照德川家康的厚道和织田的刻薄，武田胜赖的遗臣很快就做出了抉择，他们全部投入了德川家康的麾下，使德川家康快速壮大了声势，最后统一日本，结束了战国时代。

德川家康的故事告诉我们，忠厚是做人的根本。德川家康平时看起来很傻，只知道逆来顺受，但是在紧要关头，他却表现得很聪明。丰臣秀吉就说："家康很会装傻，他装傻的本事，你们没有一个人比得上。"德川家康曾经让人看不起，最后那些嘲笑他的人一一被他击败，他被称为"战国第一忍者"。很可惜现代人鲜少读史，所以无法从历史的英雄人物中学习到"外表糊涂，内心明白"

的应对之道。

除此之外，老一辈的长者还为我们留下了一些经典的话语。例如，"去时留人情，转来好相见"等。"人无千日好，花无百日红"。人生的路总是起起伏伏，陌生人在路上都会不期而遇，更何况一些同行，见面的机会更多。清朝的纪晓岚便曾说："得意时勿太快意，失意时勿太快口。"因此，人应该懂得为自己、为别人留余地，否则难免会因此陷入僵局。

在如今多元化社会中，这些宝贵的智慧往往被人忽视，甚至有人会质疑几百年前的道理如今是否还行得通。其实，现代调查研究证明，以忠厚为代表的好人行为，真的可以在施善于他人的同时，使施善者本人得到超乎想象的好报。

畅销书《好人肯定有好报》揭露了新近科学界的重要研究，证实了好人的良善行为能对自己产生很好的鼓舞并转化为前进的力量。这个讯息被认为是个"振奋人心的消息"，因为这样的科学研究对人类做好事、关怀他人以及爱人的能力带来了光明的希望，证明了如果勇于付出，我们就有能力改变自己的命运，进而改变全世界。

在美国一所医学院主持"无限大爱研究中心"的波斯特教授，曾亲眼看见科学的佐证。他和许多其他探索什么样的人格特质能创造"健康、快乐、满足与持续成功的人生"的研究者一样，不断发现友善的行为对人的心理与生理健康，会造成深远而显著的影响。

他明确地指出，慷慨的行为能保护我们一辈子。许多研究惊人的发现，付出与造就成功的人格特质，例如人际互动能力、同理心、正面情绪等息息相关，如果你在青少年时期经常帮助别人，六十年甚至七十年后，你仍会因此而健康，而且无论你从什么时候开始付出，即使是老年之后才开始，你的身心状态还是会有所改善。

一项针对中年妇女所做的研究显示，年轻时曾接受年长者指引的人，即使经过二十年之后，仍然比较可能指导他人，就像以前别人帮助他们一样地去帮助他人。诚如一句古老的格言所说："感恩浇灌了旧的友谊，也让新的友谊萌芽。"

在日本有"营销天王"美称的亿万富豪中岛薰，应出版界之邀几度出书阐释他的"成功密码"。我曾有幸应邀为他的《转念的力量：行天王的金钱哲学》一书写序，因此有机会在第一时间就进入他的内心世界进行深度解读。

当我逐字展读了这位极富个人魅力的跨国同行的人生理念后，不禁因千里获知音而深感惊喜。中岛薰的致富之道是一套"心中无钱"的赚钱法：他相信，决定一个人命运的不是学历和金钱，而是他的观念。在中岛薰看来，凡世界上幸福、富裕之人，总是在别人尚未发觉之前就付出关怀。因此，能够把别人的幸福当成自己幸福的人就是富裕之人；凭自己的努力让自己致富，能够将所得财富用来帮助他人，使自己也能与他人分享喜悦的人就是富裕之人。

中岛薰深信"助人之心带来福报"，甚至揭示了"钱尽量用在别人身上"的重要原则。他说："如果钱都用在自己身上仅能满足自己；如果用在别人身上，别人迟早都会投桃报李，甚至会以比钱更珍贵的事物来报答我们。"

而中岛薰另一个最令人击掌称快的经验之谈则是：好东西就要与好朋友一起分享！这也正是富裕哲学的精髓所在。所谓"独乐乐，不如众乐乐"，无论是一箱时令的鲜美水果或是一笔突如其来的意外之财，"钱财分赠，带来福分"，可能早已是身体力行的人所共有的美好特质。

如果因为想法上的一念之差，你采用了小气、吝啬的思考模式，想把一切好处都据为己有，也很快就会面临"表面上占尽便宜，其实吃了大亏"的窘境。例如，你很可能得了钱财却失了人心！

以上是我通过自己的生活历练得到的弥足珍贵的人生财富，我愿意与每一位朋友分享，用一句话总结这个价值便是：懂得付出、关爱、分享与感恩的好人，一定会得到上天垂怜，获得好报！

"利者义之和"

中国历史上有一段脍炙人口的价值观之辩，发生在战国时代的孟子与梁惠王之间。孟子去见梁惠王，梁惠王问他："叟不远千里而来，必将有以利吾国乎？"

孟子对他说："王何必曰利，亦有仁义而已矣。王曰何以利吾国，大夫曰何以利吾家，士、庶人曰何以利吾身，上下交征利而国危矣。万乘之国弑其君者必千乘之家，千乘之国弑其君者必百乘之家；万取千焉，千取百焉，不为多矣；苟为后义而先利，不夺不餍。未有仁而遗其亲者也，未有义而厚其君者也。王亦曰仁义而已矣，何必曰利。"

孟子这段义、利之辩历久弥新，而人类对于义与利的先后、取舍困惑，在两千余年后的今天仍然发人深省。一国之君的价值观足以影响社会风俗之厚薄，这是毋庸置疑的；事实上，一个企业领导人的价值观亦足以左右企业文化的走向以及企业寿命的长短；人生的价值观，往往是决定一个人内在灵魂尊贵或卑下的标杆。因此，我非常乐于利用这个机会和伙伴分享我对"义"与"利"的看法。

人人都知道，企业存在的目的是为了营利。但如果企业成员相互之间都以逐利为相处的守则，后果又会如何呢？这个问题尤其值得我们这种以人性为导向的企业中人省思。

人人都希望能和合适的事业伙伴天长地久、共存共荣；不过，若是以利害为出发点来相互对待，这个愿望恐怕是缘木求鱼，不可能达到。以钱相交的人际关系经常会造成立即奏效的假象，只是它就和即溶咖啡或快餐面一样，难以有香醇而耐人品尝的美味；但不明就里的人往往为速效所沉醉，迷失在其中。时间稍久，认钱不认人、互相摆架子的现实终会摧毁这种脆弱而危险的人际关系。

反观建筑在仁义基础之上的关系，则能够通过时空的考验愈陈愈香。它能使人们之间形成同甘共苦的团队精神，也能使人透过信赖凝聚共识，还能使人甘愿分享彼此的喜悦与成功。这种良性的互动终究会发展出相加、相乘的力量和效果，也就是经济学家所谓的"双赢"。

或许有人会质疑，仁义之交是否只适用于早已打下扎实经济基础的资深伙伴呢？一个尚未解决民生问题的人，如何还能舍利就义？事实上，这个问题所彰显的正是一个人究竟目光短浅，或是深谋远虑。例如，某些初入行的伙伴便已怀有"不看一时，只看一世"的智慧；他们不急着回收，反把有限的盈余用来做车马费、咖啡钱，不断与人接触，建立深远的人际网络。相信假以时日，他们发展的格局自会让那些汲汲营营、锱铢必较的人士刮目相看。

李嘉诚是加拿大籍的香港国际企业家，他创立了香港最大的企业集团——长江集团，涉足房地产、能源业、网络业、电信业以及媒体业。创业逾一甲子以来，担任集团主席的他投资有术、领导有方，从未让麾下企业财报呈现亏损。而他本人更是华人世界的财富状元。在2012年3月美国《福布斯》（Forbes）杂志公布的全球富豪排名中，总资产高达255亿美元的李嘉诚排名第九，世界上的华人应该都对他的声名如雷贯耳。李嘉诚声名远播，倒不只是因为"首富"的头衔，更在于他的成功之道。

他曾经这样分享自己做生意的心得，"人要去求生意就比较难，生意跑来找你，你就容易做。如何才能让生意来找你？那就要靠朋友。如何结交朋友？要善待他人，充分考虑到对方的利益。"

李嘉诚强调，生意往来中顾及对方的利益是最重要的。切勿把目光仅仅局限在自己的利益上。两者是相辅相成的，自己舍得让利，让对方得利，最终才能给自己带来较大的利益。"占小便宜的人不会有朋友，这是我小时候母亲就告诉我的道理"，李嘉诚说，"经商也是这样"。

这位首富非常注重自己的名声，并不断告诫后人要努力工作、与人为善、遵守诺言。他不吝与别人分享做人成功的要诀，即"让你的敌人都相信你"。

在李嘉诚的字典里，诚信和价值高于一切。一旦他答应了的事，明明吃亏，仍然会做。"这样一来，很多商业方面的事，人家会说我答应了比签约还有用"。这也使得他即使身处逆境，依然信心十足。"我认为我具备足够的条件，因为我勤奋、节俭、有毅力；我肯求知，肯建立信誉……"

心理学家分析，人类总要在超越温饱的层次之后，才能往提升人性尊严、美化整合人格的方向迈进。庆幸的是，我们的事业自创办以来，已经孕育出众多的成功伙伴，因此，以仁义之道成就更为丰满、更有价值的人生，正是我们需要共同追求的下一步。

心量拓宽通路

在美国，林肯总统执政期间，曾经有人批评他对待政敌的态度："你为什么试图让他们变成朋友呢？你应该想办法打击他们，消灭他们才对。"

"我们难道不是在消灭政敌吗？当我们成为朋友时，政敌就不存在了。"林肯总统温和地说。这就是林肯总统消灭政敌的方法，将敌人变成朋友。

林肯两度被选为美国总统。今天在以他名字命名的纪念馆的墙壁上刻着的是这样的一段话：

"对任何人不怀恶意；对一切人宽大仁爱；坚持正义，因为上帝使我们懂得正义；让我们继续努力去完成我们正在从事的事业，包扎我们国家的伤口。"

你的世界有多大？在人生的旅程中，你是愈活愈宽广，还是活得愈来愈闭塞？你有没有观察和思考过，为什么有些人的人际关系非常好，而有些人却似乎只能孤芳自赏呢？

以上的问题十分重要，因为你能不能找出正确的答案，关系着你的命运是"否"还是"泰"，你的人生究竟能有多大的格局。

影响人生宽广度的解答，其实尽在"心量"二字。直截了当地说，你的心量能有多大，你所涉及的世界便有多大。

心量代表包容力，道家的老子在教化世人时，教大家要向大地学习，因为大地如母，孕育万物从无拣择。大地不表示喜恶，不嫌弃贫愚，总是毫无分别心地接纳众生，平等对待一切生灵。

坦白说来，让心量像大地对人类而言的确是极高的标准。因为，放眼每一个家庭里，即使是有着血缘关系的亲人之间，也时有兄弟成仇、姑嫂反目的事情发生，更何况那些成长环境、家世背景、学历、经历、个性、嗜好都不同的人们，相处起来必然会有更多的问题。许多人之所以难以解开自己的心量密码，就在于"看不惯""不喜欢"或者出于"高人一等，不愿纡尊降贵"的心态。我们若想扩大自己的心量，谦虚是必备的条件，要在谦虚中领悟低头的智慧、学会包容的胸怀，并具有能抛开面子求教的勇气。

曾有一个人问一位哲学家："从地到天究竟有多高？"

哲学家回答说："二尺高！"

"为什么这么低呢？我们人不都长得至少有四尺、五尺、六尺高吗？"那个人问。

哲学家回答说："所以，凡是超过三尺高的人要在天地间立足，便要懂得低头！"

这段对话实在深富人生哲理，低头的人象征着有礼貌、懂得谦虚。因为放下身段才能和平相处，无往而不利地受人欢迎。而不仅人缘是从低头中来，被人重视往往也是从低头中来。

有了"低头"的谦虚心态后，你会发现，事实上每一个人都有独特的优点，正可谓"天下无一人不可用"。尤其是一个居于高位的领导者，其一言一行都带有示范作用。如果领导者能接纳前来投靠的每一个追随者，并且放下个人好恶，公平待人，就会与员工建立起一种相濡以沫、水乳交融的情感与企业文化。同时，这种包容力也很容易相互感染并产生共鸣，使大家因共同的理想而结合，在相互尊重、包容的祥和气氛下，成为默契十足的工作伙伴，并且长长久久。

身处营业一线的人，因工作需要每天都会接触到许多不同的人，如果你愿意以谦虚的胸怀来体会每一个人物的优点，并作为完善自己的参考，有朝一日你必将成为优秀的人。

有一种人送一束花给别人后，会用一种期待的眼神看着对方，等待对方的反馈——说声"谢谢"；也有一种人在送别人礼物后，在家等待对方打电话来答谢，但是左等右等总不见电话铃响，于是在家里焦虑不安，终而心生怨尤，甚至把朋友当成仇人。

如果这样，那何必送礼呢？把反馈归于自然，你打电话来我欣然接受，你不打电话来，没有关系，我也忘了送礼这回事。不把反馈看得太重要，你自然会心生喜乐。

　　一位事业伙伴写了一封信给我，我看了很感动。信上说："以前我对您所说的'宽阔！宽阔！再宽阔！'这句话不甚明白，而且觉得做起来很困难，如今我才体会出这句话的真义，并奉行不悖。现在我已经能容忍一切逆境，容忍别人的短处，我相信我一定会成功，不辜负您的期望。"他虽然花了一年的时间才把这句话的精神想通，但是为时不晚，我感到很欣慰。

　　经常愿意虚心学习的人不仅会丰富自己的人生阅历，也会使人乐于亲近。不过，一旦心态转为自负、骄傲，结果就大不相同了。至圣先师孔子曾告诫我们，"三人行，必有我师"，说明人没有十全十美的，唯有不断吸取他人的经验来弥补自己的缺失，才能日臻完美。而心高气傲的人就像装满了水的杯子，再也没有多余的空间，因此非但不屑于向他人学习，往往还自封为他人的楷模，光从这一点就足以断言，这种人不可能有圆满的人际关系。

　　据我多年的观察，凡是顽固、坚持己见不肯调整的人，多半是由缺乏自信所引起的心理在作祟。他们觉得修正自己就像败给对方一样的狼狈，所以永远在心中做着矛盾的挣扎与无止境的逃避。

　　古希腊最伟大的哲学家柏拉图有一句名言，"克服自己是人类胜利中最伟大的胜利！"也就是说，只要你能放下身段，以谦虚取代傲慢，你就可能从凡夫俗子跃升为贤圣之辈。翻开历史，历代贤明历历可数。司马相如、卓文君曾放下身段，开小店来维持生计；

范蠡带了西施隐姓埋名，放下身段从商；越王勾践放下身段服侍吴王夫差，最终实现复国。

这样的故事充分说明了谦逊而没有身段的人，往往会是奥妙多变的生命旅程中的大赢家。相反，傲慢、骄纵则会使人的心、眼同时蒙尘，以至于看不清世界的真相。

闽南语有句话说："龙交龙，凤交凤，隐疴的交佝戆。"一般人都不喜欢跟比自己强的人交往，因为会产生压力。在遭遇挫折时也只敢跟与自己不相上下的人，甚至不如自己的人诉苦，结果只会自怨自艾，终至一败涂地。因此，向什么样的人倾诉也是非常重要的。

遭遇挫折后，你应该向你的指导者反应，他们会以过来人的经验协助你，关键在于你是否肯接受指导。逆流而上确实比随波逐流要耗费更多的力气，但是唯有逆流而上你才能到达山的顶端、水的源头；一味随波逐流，你只有归诸大海化为泡影。或许你已因加入我们的事业得到了有形资产的增长——银行存款增加、购屋置产、以轿车代步等。但是，只有这些还远远不够，唯有有形的成长与无形的成长皆完成，你才算是真正的成功者，只有财富的成功不是真正的成功。有形的成长与无形的成长并驾齐驱才是更重要的。

无形的成长是指人内在能力的增长，也就是心灵的成长，其核心正是心量与包容力的磨炼。这需要我们无时无刻不忘充实自己。有形的财富时有涨跌，并不稳定；而心灵的成长，会像磁铁般牢牢地将财富吸附在你身边。

第二章

成功人士的十一个能力特点

人无所舍，必无所成。沧桑不会给我们怜悯，无情不会给我们同情，大海不会给我们一帆风顺，苍天不会给我们风调雨顺，只有勇于自我改变、心灵强大的人才能够适应变幻莫测的环境，用明确的目标来鞭策自己的人生，用热情、积极的态度共赴使命，最终享受一场丰盛的生命之宴。

改变自我，成功才能恒久

我曾因为成功地甩掉了十公斤的赘肉，成为亲朋好友争相谈论的焦点。

那是发生在三个月之间的事，但所减除的体重却已追随我近二十年。二十年来，我因体重过重而罹患上一些疾症，诸如高血糖、高血脂……家人辛苦地为我控制饮食，我也早已习惯与药为伍。本以为此生的体态和生活形态一样，是一个不可逆转之重。没有想到，通过正确的认知和坚持下去的信念，情况便奇迹一般地逆转了。

我幸运地碰到了一位好的医生。她破除了我"年纪大了必会与药共生"的错误观念。我重新建立适当的饮食习惯，并持续而平和的运动，保持正常的作息。就这样，以前居高不下、长期困扰我的各项指数，不期然地和掉落的体重一起降了下来，惯常服用的药物也一颗一颗地被医师慢慢减免了。我再次踩着轻快的步伐，再见久违的活力。

通过自身的历练我掌握了成功的钥匙，即成功与失败的分野系于我们的观念、性格及行为。

以我减重的实况为例。我一直以为用医药解决生理疾患是一件理所当然的事，这样的观念使我看不到正确的饮食、运动和作息所能发挥的功效。然而，当我的医生让我换了一种生活方式——先吃蔬菜、水果，再吃肉类，每天都要走路、练肌肉、发汗……我改变旧观念、旧作风，开始新生活没有多久，不可思议的效果就发生了。真是"踏破铁鞋无觅处，得来全不费工夫"。

身处日新月异的知识经济时代，换思维的需要与挑战是遍及各行各业的，也就是改变自我是必需的。如果太过依赖过去的观念与经验，即使成功过一时也未必能恒久。

在人生的漫漫长河中，自我反省与自我合理化就像一条泾渭分明的分水岭，前者引领一个人步步慎思，向自己的因循苟且与昏暗无明挑战，在克服了自我的弱点之后，终能攀登人生高峰。后者习于遭遇挫折即用自我合理化规避责任，这无异走上一条不进反退的回头路。在这条路上，看不到宽广的境界，只充满了抱怨与推诿的指责，结果路愈走愈窄，即使走进了死胡同，当事人恐怕还不知道这一切都是自己造成的。

换句话说，"昨是今非"与"昨非今是"都是可能发生的人生实境。现代人不能再以不变来应万变，而是要认知到世界上的万事万物都在不断变异，每一个个体如果具备"做变形虫"的心理准备，就不会故步自封，被过往的经验框架束缚。

请问，你是否诚实地剖析过自己的心态和惯性，确实了解你到底是属于不断提升的前者，还是只顾面子好看，不肯跟自己摊牌的后者呢？或许，有正直不阿的指导者曾经指出你所犯的错误，但却遭到你当面驳斥，因为你实在不愿意相信，你并不如自己想象中的完美，你拒绝改变。

这种心态可谓人之常情。因为，绝大多数的人都是极其平庸的，甚至如水之就下，自甘沉沦。在金字塔上层的人中人、人上人必须具备客观的审慎思考能力。也就是说，有一种改变自我的心态，能把自己当第三者一般来观察、评估。如果能客观地看自己，反省能力便唾手可得。

其实，不仅是个人需要靠反省的力量来改变自我，打通成功的捷径，任何一个企业亦然。例如，在面对挑战的当下，一个企业如果只是一味地推诿、塞责，责怪大环境改变、政策不公、市场竞争太激烈、人才流失……最后必然惨遭淘汰。难怪有人会说，在不景气的时候也有成功的企业，而在景气的时候也有倒闭的企业。

人类最大的敌人便是自己。自古以来，我们总是封打败敌人的一方是赢家、英雄，殊不知能克服自己弱点的人甚至可能超凡入圣，境界比俗世的英雄不知高出多少。

可放可收的"变形虫"，的确可以作为不断改变自我、掌握不同阶段成功需求的终极战略。就像一潭活水，永远能适应不同的处境，绝不会僵化、生苔。"变形虫"在调适自我的过程中总要去芜存菁才能展现新的生命活力，我们又何尝不是如此？

从换脑袋到换躯壳，是一条一脉相承的活路，走对了路便会在生命的历程中不断地脱胎换骨，创造新的可能性。这条路说难也不难，关键在于你能否坚持到底，不半途而废。

至于如何改变自我，战术极其简单。只要肯天天反省，不怨天尤人、自我合理化，就已迈上成功的起点。一旦养成反省的习惯，你会发现，别人是"世上不如意事十之八九"，你却是"世上不如意事十之一二"。你还会发现，花开花落都有其美好的一面，能活在人世间，实在是"日日是好日"、"时时是好时"。

改变自我，使我成功地摆脱了过去的赘肉并维持佳绩到现在，让我重新看到了光明的前程。身为事业的主持人，我已掌握了成功的舵，不仅能驾驭自己的身心，也一定能用焕然一新的气象、活泼有力的氛围，再造事业的新巅峰，再画赢家的新版图。

成功操之在己，我能够改变自己，相信你一定也行。让我们再一次手牵手、心连心，冲出一片属于自己事业的美丽新浪花。

超越自我，做最好的自己

凡是接触体育新闻的人，一定认识林书豪；凡是观看NBA（美国国家篮球协会）的人，一定了解林书豪在篮球场上的奇迹。

经典的传奇之役就在2012年2月11日。

在NBA高人林立的世界里，他长得不壮，跑得不算快，跳得也不够高；他是三十二支球队、近四百名球员中仅有的四个亚洲人之一……种种条件加总起来，让他犹如一匹不可能赢得比赛的三流赛马。然而，当不被看好的赛马反败为胜，故事变得愈来愈吸引人了。

这个差一点被解约，从无上场机会，年薪仅有对手3%的板凳球员，在球队赢球无门的绝望气氛中遇到了生命的转折点。他所属的纽约尼克斯队（NewYork Knicks）连输了九场球，明星球员纷纷负伤或请假，总教练无计可施，终于在第一节还剩3分35秒时指派林书豪上场。这一场球，不仅改变了他个人的命运，同时也吸引了全世界的眼光，过去并不起眼的林书豪，竟带领士气低落的团队赢得了胜利。接下来的12天，他不仅带领球队取得了七连胜，并当选东区周最佳球员，还破例获选参加NBA新秀明星赛，被众球迷称为"林疯狂"，让全世界开始为之疯狂，就连美国总统奥巴马都说："这是一个非常了不起的故事。"

从此，24岁的哈佛大学毕业生林书豪用篮球带给无数人心灵的指引。他拥有人人称羡的学历，但在球场上这却是一个负三百分的印记：亚洲人、哈佛书呆子、跑不快又跳不高。照理说，他如果不打篮球，把履历丢到华尔街，一定会有投资银行捧着丰厚的合约找上门。但他执意要证明自己，决定舍弃容易的宽阔大路，硬闯人迹罕至的窄门，结果是他诠释了《圣经》的启示："患难生忍耐，忍耐生老练，老练生盼望，盼望不至于羞愧。"

在之前的两年，林书豪历经颠沛流离的NBA流浪之旅。他曾经在15天内连续失去两份工作。第一年的NBA生活，平均出赛不到10分钟，主要的工作内容只是个替补球员的"替补"，永远坐在板凳的最后面，还得帮高中毕业的球员递饮料。没有教练愿意给他机会，他的能力和才能被球队低估，始终得不到最佳舞台，他甚至怀疑起自己的能力："篮球好像吞吃了我，经历、思想……我很不快乐，完全不快乐……"

一般人面对不顺或苦难的环境，很容易就自暴自弃，不是归咎生不逢时就是大叹怀才不遇，而林书豪没有这样做。在他最感到挫折时，《圣经》中的一段话激励了他。"就是在患难中也是欢欢喜喜的；因为知道患难生忍耐"。他发现这似乎就是上帝给他的真实写照，在NBA载浮载沉，两度被球队抛弃，空有一身本领，却找不到舞台。他从这句话中汲取了力量，开始改用正面积极的态度面对眼前的一切。身为被下放的后备球员期间，他跟其他的板凳球员建立起绝佳的关系与默契。他知道每个人的打球风格、习惯，以及走位的方式、速度。即使坐在板凳区，他也没有闲着。他会用眼睛观察战况，脑袋里就模拟着可能的情境与战术，"如果是我在场上，这一球该怎么打……"

他用沉潜、蛰伏积蓄未来的能量，随时都在创造被发现的机会。当大家通过新闻媒体认识林书豪时，正是他带着从患难中积聚的力量，等到机会来临之时。

林书豪的机遇和成功源于他超越自我的心境。心境对人的影响甚大，因为心里所浮现的每一个念头都足以设定你前进的步伐与走向。例如，有人认为日日是好日，时时是好时，只要自己心念已决，就是采取行动的最佳时刻；有人却相信星座或八字导引时运，必须坐待机会来临才能一跃而起。相较之下，前者主动积极，自己掌握命运；后者则多有顾忌，把命运交给先天带来的条件，放弃了后天创造机运的可能，因而往往与成功失之交臂。

人人都在追求成功，但却少有人静下心来好好想一想，到底什么是成功呢？作为21世纪的公民，究竟应当如何追求成功？事实上，人们对于"成功"的看法，本来也是多元而充满创造性的，定义绝不止一种。成功的道路并不只有一条，成功的标准亦不只是一个。在与他人的竞争中脱颖而出固然是成功，但有勇气不断超越自己、超越过去的人，是不是也可以跻身成功者的行列呢？

答案是肯定的。就像一位看似平凡的高科技研发人员所说："我经历过许多顺境和逆境，虽然不知道在别人眼里我算不算成功，却已更加自信和快乐。因为我学会了把远大的理想变成具体的奋斗目标——做好每一件事，快乐每一天。对我而言，成功就是不断地超越自己，让自己的人生快乐、充实、有意义。"

以此看来，不断超越自己、努力做到完美的林书豪是成功的。那么，我们该在哪些方面努力提升自己，才能到达成功的彼岸呢？林书豪告诉我们：

1.没有人相信你时，你要相信你自己。

2.当机会上门，要好好把握。

3.找到适合你人格特质的做事方式。

4.不要小看你身边的人才。

5.保持谦逊。

6.永远不要忘记运气与命运在生活中的重要性。

7.当你荣耀身边的人时，他们会永远爱你。

8.成功并非偶然，平时须奋力准备。

林书豪通过自己的努力，抓住了难得一遇的机会，实现了由草根向明星转变的成功。回顾历史，有许多像他一样的人，在历史的篇章中写下璀璨的一页。

　　爱因斯坦是著名的物理学家、相对论的创始人。他对大自然中的一切都怀有强烈的好奇心，无论何时何地，他都宁可如醉如痴地漫步在科学的圣殿里，也不愿花时间理一理自己蓬松的头发，或者为自己选一套合身的衣服。

　　林肯是美国第十六任总统，他在叱咤风云的政治和军事舞台上取得了公认的成功，但更让所有美国人难以忘怀的是他在通向成功道路上表现出对国家、对民族的深厚感情。

　　德蕾莎修女是诺贝尔和平奖获得者。她一生致力于帮助陷于贫穷与饥饿的人们。也许她并不能够从她所从事的事业中获得更多的财富，但她的无私奉献却为自己和他人带来了最大的快乐。

　　比尔·盖茨是微软公司的创始人，是全球软件产业的领军者，至今已名利双收。但在他看来，衡量成功的准绳是看能不能给自己的家人、朋友和自己所尊重的人带来帮助，以及通过什么才能改善他们的生活。

　　这些例证告诉我们，其实成功就是不断超越自己，就是"做最好的自己"。换言之，成功也就是按照自己设定的目标，充实地学习、工作和生活，就是始终沿着自己选择的道路，做一个快乐的、永远追逐兴趣，并能发掘出自身潜能的人。因为自己所从事的是真心喜欢的事情，所以才会更加有动力、激情将事情做到完美。由此，获得财富、名利的回馈也是水到渠成、极其自然的结果。

希望每一位伙伴都能够不断地超越自己，做最好的自己，轻松而快乐地取得成功。

强健内心，为成功夯实基础

1982年，英国伦敦成立了首个"心灵研究会"，并由剑桥大学三一学院的研究员西奇威克出任第一届主席。他们的主要观点是，人类具有一种潜在的能力，能够不通过正常的感官来感知世界。他们还对人类的情绪和心灵进行了一连串的实验与研究。

研究发现，的确有可以训练情绪、精神和心灵的方法，而这一套被称为"心灵科学"的方法极可能是下一波企业竞争力必备的因素。因为通过训练适度刺激人类的脑波，能够增强人们的专注力，提高敏感度，还能释放疲劳，产生创造力。

大多数事业上小有成就的人都有着无限的活力，这正是因为他们借助心灵教育提升了自己的正面情绪。

如何才能使弱化的心灵强健起来呢？唯有通过精神训练——澄清思虑，开发及训练人们的正面情绪及专注力，稳定脑波和心律让才智活力有高度表现。

这样的脑波稳定运动也就是一般人较为熟知的"静坐"。静坐是一种协调身体，能够使人恢复生命力的方法。通过静坐，人们的气质和品德也能够得到提升。实验证明，当人们在静坐时，脑部负责调节情绪的左额叶前部皮质，有重要的电流活动。当左额叶前部皮质很活跃时，通常同时会有快乐、热诚、愉悦、精力充沛等的正面感受。因此，欧、美和亚洲的大企业，纷纷掀起一股为员工减压的心灵训练风潮。

静坐可以让平常借着五官、身体以及我们的意识所交涉出来的世界逐渐沉寂下来，在这种情况下，人体的神经、内分泌系统会带动各生理系统自动调整，就像电池充电般迅速地洗涤身心，净化从小到大在心里积存的喜、怒、哀、乐等情绪，用沐浴过的身心，心平气和地重新出发。因此这便是最佳的情绪健身房、最有效的心灵训练机器。经过适当的精神训练，你会像一台关机后重新开机的计算机，身心都变得更加灵敏、好用。

令人惊喜的是，虽然静坐的初衷只是为了替员工减压，但施行健心的企业营运绩效、获利和创新都跟着显著成长。在日本，已有包括丰田汽车、京磁美达等大公司在内超过一百家上市公司有常态性的健心活动。中国台湾也有不少企业注意到心灵资本的重要，引进了形式不一的健心法。有大企业在内部设置冥想室，或者分批推动"脑波稳定运动"。身体力行的人大都体会到通过健心可以激发人类意识中与生俱来的观察力和创造力。

谈到这里，相信敏锐的克缇人应该已在思量如何把这项制胜法宝运用在自己身上了。十几年来，重视健康与美丽的克缇人或多或少都有上健身房的习惯，透过塑造外形来建立人际互动中的自尊与自信。然而，无论是企业或是个人的永续经营，心灵资本才是真正能够提升总体竞争力的关键。换句话说，时至今日该是我们赶上世界趋势的浪头，建立属于我们的"健心法"的时刻了。

其实，老祖宗早在千年以前就已传授给我们"定、静、安、虑、得"的健心五字诀。如何能让放逸奔驰的心不再无时无刻地向外探求而喘息不安呢？我想，每天抽出半小时的时间来静坐，沉淀纷扰的思虑、放空需求的心态，是我们对于健心所可采取最简便又有效的方式。

健康的心态还包括以下几点：宽容心态、理解心态、尊重心态和自信心态。宽容心态指的是不因为别人的错误而责怪他们，对他人要尽量做到包容；理解心态则指的是要相信别人是真诚的，并减少与他人之间的误解；尊重心态意味着要多欣赏别人，对任何人都要抱有尊敬的态度；自信心态则是建立在成功的经验之上，每一次小的成功都能够为以后大的成功奠定基础，拥有自信心是成功人士必备的一项素质。

生命过程有如登山，不可能一直是平步青云、年年高升；沿途必然有高低起伏甚至是崎岖不平。如果一个人提得起却放不下，只能升而不能降，人生终将因心理的不平衡而痛苦不堪。如果是既能提起又放得下的人，则有担当、有能力，心地坦然足可担当大任。当大众及现实环境需要时，他可以随时出马；当大环境改变，形势已不再可为时，他可以随时放下。他毫不眷恋，且会以更宽广的胸襟随时迎接另一个阶段的新发展。要达到这种境界，就需要时时用"健心"的方式修炼自己的内心。

比如，在我们的教育训练中，我就经常提醒大家要保持"空杯心态"，这种心态不但意味着谦虚而不自满，亦同时表示内心没有成见，不被经年累月养成的惯性牵着鼻子走，能客观衡量每一个当下的需要，机智地做出最合宜的反应。能随时保持空杯心态的人一定极富创意、不拘泥于约定俗成的观念，海阔天空、自由翱翔。

坐而言不如起而行，"健心"行动须定期、持续、反复练习，否则很难翻新，你将仍是原来的你。

明确目标，为生命注入原动力

　　举世皆知的美国钢铁大王卡内基原本不过是一家钢铁厂的工人，但他决心要制造出比其他同行更高质量的钢铁，结果他不但达成所愿，还成为美国的富豪之一。

　　当卡内基下定决心要制造钢铁时，这个目标就已变成了他生命的原动力。接着他开始寻求一位朋友的合作，这位朋友被卡内基坚毅的精神所感动，便也贡献出了自己的一份力量。这两个人具有共同的目标和热忱，又以极强的感染力说服另外两个人加入了他们的行列。最后，这四个人形成了卡内基钢铁公司的核心经营团队。他们组成了一个智囊团，齐心协力地筹足了达到目标所需要的资金，也一起享受了成功的果实，四个人都成了当时的巨富。

　　由此可见，明确的目标足以使人形成一种强烈的欲望，只有发掘出这种欲望，人们才能拥有使自己成功的力量，其中包括自力更生、个人的进取心、想象力、热忱、自律和全力以赴的拼搏精神，这些都是一个人成功的必备条件。

当我们研究那些已获得巨大成就的人物时就会发现，他们不仅都有明确的目标，而且无一不是花费最大的心思和努力去实现自己的目标。

以往，你是用什么样的态度面对流逝的时光呢？

我相信，绝大多数的人都是相当随性地跟着自己的感觉走，甚至也有可能从来就没有思考或回顾过每天的生活作息、时间的管理与配置。但是，当某一天你突然觉得年华已逝却又一事无成时，铺天盖地而来的沮丧感只会使你感到越发消沉，你甚至不明白问题的症结所在。

从贫穷走向富裕的康庄大道，最为关键的一步在于你必须了解所有财富和物质的获得，都要通过明确而清晰的目标实现。一个没有目标的人就像一艘没有舵的船，永远漂流不定，只会到达失望、失败和沮丧的海滩。拿破仑就曾这样分享过自身的体验，除非你有确实、固定而清楚的目标，否则你就不会发现内在最大的潜能，你永远只是一个徘徊的普通人，放弃了成为有意义的特殊人物的机会。

鲜花和荣誉从来不会降临到那些没有目标的人身上。成功的人士都是因为制定了目标，并且坚定地朝目标不断前进。凡是聪明而有理想、有上进心的人，一定都有一个明确的奋斗目标。他懂得自己活着是为了什么，因而所有的努力都能围绕着一个比较长远的目标进行；他知道自己怎样做是正确而有用的，否则就浪费了时间和生命。因为，唯有选择了对自己人生具有突破性的目标以后，我们的内在潜能才能充分地发挥出来。换句话说，成功的道路必然是由目标铺设而成的，健全的计划绝对可以为丰饶而又富有动力的生活播下种子。

你可能早已经观察到，有许多人和你一样辛勤地工作，甚至比你更加努力，却没有和你一样成功。这是因为明确的目标使你的行动愈来愈专业化，而专业化的行动足以使你的表现达到相对完美的程度。事实上，明确的目标就好像一块磁铁，它能够把达到成功所必备的专业知识和技能强力吸纳到你这里来，这就是目标的聚焦魔力。那么，该如何制定适宜的目标呢？一个好的目标必须具备下列几项要求：

（1）目标应该是实际而可行的，如果不切实际，订立的目标与自身条件相去甚远，就不可能达到。

（2）目标应该是明确而具体的，否则行动起来就会有盲点。

（3）目标应该是专一的，切忌经常变幻不定。目标过多会使人无所适从、应接不暇、无法应对。

我们在制定了适宜的目标之后还要努力去实现它，这就需要我们通过观想力来达到目标。一帖失败的治头痛药方，到了"可口可乐"企业手中，就可以摇身一变生产出日进斗金的饮料。因为可口可乐的创办人坎德勒拥有一种特殊的能力，他能看出别人看不到的未来性，而这也正是现今最成功的人都拥有的一种能力，即从现在看到未来，并规划出一连串的行动，从而获得创造成功，这种能力就是观想力。

《从种子看见大树：用赏识力预见成功》一书的作者赛钦可瑞和梅兹可，揭示了一个非常重要的论点：凡现今最有创造力和最成功的人都有一种不寻常的能力，那就是即使在最不利的情况下，他们也知道该如何重建现实环境，让隐藏的机会显现出来。

这种能力可以说是赏识力，也可以名之为观想力。以隐喻来说，就是看到的不只是现在一粒小小的种子，而是这颗种子如何随着时间推移，长出粗壮的枝干和浓密的树叶。

拥有这种能力的人即可在现状的遮掩下，预览未来的创新产品、顶尖人才或宝贵解答，等等。一旦他们把这种能力运用到生活和工作当中，就会变得更富创意，更具有忍受挫折的耐力，最终获得成功，实现自己的理想。

观想力从何而来？其中必须具备三个要素。一是对正面价值的肯定；二是重新架构事实；三是从现在看到未来如何开展。三者就像一张三脚凳，缺一不可。

认知心理学家指出，不论有意或无意，成功者都能用欣赏和肯定的眼光观察日常生活中的事物，包括事件、情况、障碍、产品和人等。因为他们常能看到事物的正面意义，因此也能发现他人可能被遗漏的潜能。

至于架构事实，则是指一个人刻意通过某种角度看人、事、脉络或局面的心理过程。例如，你如何称呼"半杯水"，不管你说是"半满"还是"半空"，杯子里的水量都是一样的，问题只在于思维的角度不同。

而凡赏识力高、观想力强的人，总是能够把他们想要达到的目标和现在具有生产力的部分联结起来。

许多人总是怀着羡慕与忌妒的心情看待功成名就的人，因而感伤自己时运不济。殊不知，你只是缺乏一个明确的奋斗目标罢了。执着追求目标的时候，你将会发现，你的每一个行动都会带领你朝着这个目标迈进。希望今后我们都能做目标明确的人，用目标来鞭策自己的人生，用热情、积极的态度共赴使命，最终享受生命的成就感！

高效执行，建立竞争优势

2003年，当全球性的经济衰退如潮水般淹没了昔日的明星企业时，由一位美国企业领袖包熙迪与著名企业顾问夏蓝合写的《执行力：没有执行力哪有竞争力》一书，成为企业力争上游的"新圣经"。这本书问世后，在美国风靡一时，还被翻译成十二种文字，畅销全球。其中文版刚登陆中国台湾地区，就引起了产、官、学界的热烈回响。

书中特别指出，凡是业绩优异公司的领导者，一般都能为企业发展确立明确而清晰的目标并严格去执行。他们都具有坚强的性格，不会因为小小的胜利而沾沾自喜，因为他们坚信，"止步不前者将被淘汰"。除此之外，他们还确信如果能够对那些具有执行精神的人给予充分的回报，并提拔那些注重执行的人，公司就会逐渐建立起一种执行的文化。

在不同的时代，总会出现不同的管理理念与经济思潮，这些理念与思潮有些历久而弥新，有些则稍纵即逝。如今，执行力的理念已经成为商界主流思想。执行力的理念之所以会受到大众的好评，背景因素不外乎：进入知识经济的2002—2003年，全球突然陷入前所未有的通货紧缩。无论是跨国企业还是各个中小企业，都必须立即调整所有的营运策略，其中包括人员的配置、资源的整合等，一直到推出新产品。面对这样的剧变，企业最需要的不再是彩虹般的想象力与新的商业模式，而是最扎实、果断，能带来实效的执行力。

员工能否把一个正确的任务，或者是一个正确的策略彻彻底底地完成，一向是企业成功的关键。简而言之，能彻彻底底地完成任务的能力就是执行力。让企业保持永续经营的秘诀就在于每位主管和企业都必须拥有执行力。

执行力是一整套非常具体的行为和技术，能够帮助公司在任何情况下建立和维系本身的竞争优势。也就是说，执行本身就是一门学问。人们永远不可能通过思考去养成一种新的实践习惯，只能通过实践，来学会一种新的思考方式。那么，我们该如何保证执行力呢？

在一般企业里有"三块大石头"阻挡执行力的贯彻，它们是无知、私欲与懦弱无能，而这三者共同的基本原因就是注意力的失焦。换句话说，当注意力受到重视后，下一步就是执行力的提高。丧失注意力的人等于丧失了自我，善用注意力的人才会拥有竞争力。那么，我们如何才能帮助注意力聚焦呢？

第一，聚焦注意力的最大阻碍就是不肯说"不"。做事拖拖拉拉，讲话拖泥带水，决策左顾右盼，都会造成"注意力匮乏症"，因此我们要避免这些因素对注意力的不利影响。

第二，要善于掌握优先次序。能舍方能得，分清楚哪些是重要的，哪些是不重要的，才能发挥核心优势。

第三，优秀的决策者用少于一半的注意力应对当前的问题，而用多于一半的注意力策划未来的发展。

除此之外，把复杂的问题简单化也能够帮助我们提高执行力。亚圣孟子曾说过这样一句至理名言——"大道至简"，引起了许多人的共鸣。可以说，人生阅历与经验愈丰富的人愈能品味得出"简单"是一种何等高超的艺术。

我曾经和伙伴分享过自己赏画的心路历程。刚开始，我不太能理解为何一些大师级的作品只需简单数笔，便风格立现而且价值很高，成为国际艺术市场上的抢手货。直到我亲睹近代中国画家常玉的作品，一幅题名为《蓝色星辰》，另一幅题名为《荷花》，才真正体会到大道确实至简，而至简必然最美啊！

常玉的《蓝色星辰》是油彩作品，蓝色底衬白色瓶花，无论色彩或构图，都极为简洁，若功力不够必平淡无奇。然而，这幅画却亮若星辰，又散发出一股幽美而耐人寻味的气息，欣赏过的朋友无不赞叹它的艺术价值已臻于顶峰！

事实上，把简单归纳在艺术金字塔的顶尖领域，是经过了验证的。相信比较资深的伙伴在获得健康、美丽与财富之外，多多少少都培养了一些鉴赏艺术的能力。仅以明式家具为例，其简洁有力的线条与设计，很容易就能盖过唐、宋、元等历朝历代的雕琢美饰；明式家具不只造型大气抢眼，功能性也非常强。

专攻建筑艺术的人，必定经历过学习细琐繁复的基础课程阶段，因为这样的过程可以帮助初学者了解细节，掌握各种各样变化的可能性，然而一旦登峰造极，那些细节便全被融进简单凝练的造型里去了。

而从事任何行业，都有"至简"的方法，只是人们往往趋繁避简，透过自己繁复的思维把原本单纯的过程复杂化了。你可以放眼看看四周成功的前辈们，他们愈资深就愈能力行"至简"的成功营销之道：不花一分不必要的冤枉精力，永远能精确地把握重点，一举中的，而这也恰恰是执行力的精髓之处。

无论是全球性的公司或是一家小企业，执行者都必须对自己的企业、员工和营运环境有着综合、全面的了解，进而深入并充满热情地参与实际运作，并对公司所有的人坦诚以待。

我们的事业是以人为本，人人自主的事业，每一位伙伴都是自己生命及事业的主人，因此，不仅自身的执行力可考验业绩成败，能否指导下属发挥执行力，更是影响事业格局的关键因素。让我们互相勉励，"坐而言不如起而行"，这个事业的竞争力就体现在你我的执行力上。

提高应变力，让危机变为转机

2008年是大自然及国际政经局势考验人类和企业是否具有应变能力的一年。农历春节前，中国遭逢百年未遇的大风雪，灾情不断。数以万计来自各地，一心想要返乡过年的民众都被这场超级风雪困在车站，陷入进退两难的窘境。

无论是官方或民间，均把这场灾害定性为"人力所不可抗拒"的非常情况。但是，仍然有头脑睿智的人一针见血地提出："如果我们能够更早预知这场大风雪，并及时做出疏散的安排，那么风雪造成的影响是否仍会让场面失控？"这个问题的正面涵义其实就是：危机之中，难道找不到转机吗？

日本管理大师大前研一博士曾经严肃地指出："21世纪是一个变动的时代，地球上每个角落的每一个人都随时可能面临剧变，因此，我们必须提高自己的应变力，完全了解市场、了解客户、了解竞争动态。"他还强调，"在21世纪，感受比知识更为重要"。

你或许已经知道蚂蚁在水灾发生前懂得搬家，猫、狗在大地震来临前会发出哀号，但你可能还没有听闻，居住在南极的企鹅甚至可以从冰山长出的苔藓来正确判断出冰山即将融化的事实。正因为有企鹅掌握先机，敏锐感受到周边环境的细微改变，才有机会带领家族迁徙避祸，把危机转化成为转机。及早发现冰山融化的企鹅是其族群中的大英雄。

可见，并非只有自诩为万物之灵的人类才是唯一够格给出上文答案的参赛者。因为大自然中懂得在灾难发生前趋吉避凶的实例屡见不鲜，而人类往往属于反应迟钝、应变不足的族群。

事实上，成功的人生是可以通过自我改变而实现的。我们的世界每一天都在改变，但很多时候大多数的人都害怕改变，因而丧失了掌控新局面的机会。时代的巨轮总在不停歇地乘风破浪驶向前方，拒绝改变的人几乎很难逃脱落伍的命运。

在环境变化快速的21世纪，相信每个国家及各行各业无不引颈企盼先知先觉、对局势的变迁能够应付自如的智者，而这样的智者就是企业界最为需求的热门人才。他们的感官敏锐，懂得随时升起天线接受各种微弱的讯号。此外，他们也能够跳脱固定思维模式，不会单从个人情感好恶的角度来看事情；他们习惯于化繁为简，以便快速应对混沌的状况。具有这种应变能力的人就是新时代的英雄，也是最有价值的人。可以说，在剧变的年代中应变力显然即将成为新赢家的代名词。

值得思考的是，新赢家到底在哪里呢？大前研一博士所指的"了解市场、了解客户、了解竞争面向"的应变力，究竟出自何方？对此深入剖析后我们将不难发现，这个应变力其实是由适应力、学习力以及接受反馈的能力所组成的。

适应力是指，你愿意接纳改变并快速调整行为，同时处理外在变化多端的情况；学习力是指，你愿意不断地吸收新的信息并且始终对身边的事物保持好奇心；接受反馈的能力则是指，你以比较高的标准来自我要求并且愿意接纳别人对你的建设性批评。

良好的应变力还在于能够很好地易地而处。一个人在社会交往中一旦具备了设身处地、将心比心的能力就很容易获得他人的信任，而几乎所有人际关系的突破和发展，无一不是以彼此的信任为前提。这种信任并不是对人们工作能力的评量，而是对他们人格、态度或价值观方面的认可。例如，别人会相信你的出发点是好的，相信在你面前不必刻意设防，或是遮掩自己的缺点和错误。因此，英国知名作家麦克唐纳就说："信任是比爱更好的赞美。"

那么，如何才能做到易地而处，进而赢得他人的信任呢？你不妨检验一下自己是否做到了以下几点：

（1）想要得到他人的理解，首先就要理解他人——只有将心比心，才会被人理解。

最普遍的实例就是父母与孩子之间的代沟。如果孩子先从父母的出发点着想，或者父母先从孩子的出发点着想，双方互相体谅、互相理解，代沟问题发生的几率肯定会降低不少。

（2）只能修正自己，不能修正别人。想成功与人相处，想让别人尊重自己的想法，唯一的方法就是先改变自己。

态度决定行为，行为决定习惯，习惯决定性格，性格决定命运。对别人要抱着诚挚、宽容的胸襟，对自己要怀着自我批评，有则改之、无则加勉的态度。当你希望别人修正某种看法时，最好的做法是先修正你自己。

（3）我怎样对待别人，别人就怎样对待我，我替人着想，他人才会替我着想。

就像照镜子一样，你的表情和态度可以从他人对你的表情和态度上看得清清楚楚。你若以诚待人，别人也会以诚待你；你若敌视别人，别人也会敌视你。最真挚的情谊和最难解的仇恨，都是由这样的"反射"原理逐步积累而成的。所以有人说："给别人的，其实就是给自己的。"这是一个可以适用于任何时间、任何地点的定律。

其实每一个人的心中都具有适应各种变迁的潜力，或许只是没有机会让这样的潜力发扬光大罢了。"天下无难事，只怕有心人"，关键在于我们愿不愿意超越昨天的自己，成为明天的英雄。根据行为心理学家的研究，一个人对任何一件事情重复二十一遍就会成为习惯。可见成功是可以借由练习达到的。换句话说，只要掌握了关键方法，并勤于练习，不断提高应变的能力，人人都可能是那个转危为安、开创新局的英雄。

"闭嘴"，有效沟通的前提

一日卖一屋的美国房地产天王霍金斯因为学会闭嘴以待，才突破了销售业绩零蛋的撞墙期，年赚一亿美元。他是如何做到的？

时间回溯到霍金斯19岁的时候，他刚入行3个月，业绩一直挂零。他咬着牙，从仅有的158美元存款中拿出150美元，去上"培训教父"艾德华兹的课。就在"成交话术"的最后一堂课程，艾德华兹对着全班同学说："任何时候，一旦你开口询问了成交问题就要闭嘴，先开口的人先输！"这句话中最关键的是"闭嘴"，当他提及"闭嘴"二字时，简直是声如狂吼。

坐在第一排的霍金斯听到艾德华兹提点学员"闭嘴"的妙用时，立刻意识到自己无法成交的关键。他总是在抛出成交与否的问题后，等不上几秒钟，便因情绪紧张而开始讲话，结果让客户乘机转移注意力，因此错失了成交良机。

霍金斯说："这是我印象最深的一堂课，这句话也成为我销售事业的转折点。"也正是这"江湖一点诀",让他能够翻身成为销售天王。

大多数人总是忙着表达自己,却一点儿也不了解对方,以至于话说得愈多双方的冲突愈大。事实上,懂得"闭嘴以待"才是攻占人心的第一步,不过这也是最容易被忽略的一步,其实这才是"沟通力"的关键所在。

"沟通力"指的是,人们在面对主管、部属、客户以及同事时,在各种表达与沟通的情境下所产生的反应状况。或许你会以为这仅仅指的是说话的能力,而此能力是由个人的先天特质所决定。其实不然,最高境界的沟通内涵应当是,你所表达的正是对方想听的。换句话说,我们沟通得有多好,不是取决于我们说得有多好,而是别人到底听懂了多少。

在这个人声鼎沸、众声喧哗的时代,一般人总以为伶牙俐齿的说话术才是攻城略地、创造业绩的不二法门;殊不知一味地主导发言未必能够提升沟通的质量,有时候,话说得愈多,彼此的距离反倒愈拉愈远。因为真正的有效沟通,除了有技巧地表达,更需要我们学会倾听。

商场之外,政坛也不乏"一句话说得成功,几乎买下一座城市的民心,或者打赢了一场并购战争"的实例。美国前总统肯尼迪曾在历史上留下过一句脍炙人口的话——"Ich bin ein Berliner."(我是柏林人)。当时的政治背景是,联邦德国分裂,柏林围墙正自地平线筑起，这座城市成了整个冷战时期的焦点。肯尼迪的一句宣言，听在一个分裂的国家人民耳中极为受用，这句话把代表自由的美国与渴望自由的德国联结起来，彻底收买了西柏林的人心。德国人甚至认为，"没有美国，这个西柏林或许早就不存在了"。

"闭嘴以待"并不单单是沉默不语，它的准确意义在于你得先听懂别人的心，然后再用别人可以接受的方式去沟通。换言之，聪明地闭嘴是一种积极的交流态度。闭嘴之后，你自会听懂人心，然后才可能产生适合的沟通方案。

由此可见，"闭嘴以待"在人际沟通中有着举足轻重的地位，甚至可以决定一个人能否成功。当然，"闭嘴以待"听来简单，在实施时则需要按照以下的三个步骤进行才算成功：

第一步，要有勇气。问完有关成交的问题，得耐得住沉默的压力，静心等待客户回复。

第二步，要想避免双方沉默时的压力必须勤加练习。譬如，先在平常最容易成交的地点专心坐好，闭紧嘴巴坐上一下午，练习用平常心面对自己的沉默。

第三步，可以坦然面对沉默之后，试着让自己专注三十秒钟，没有肢体语言，什么都不做。因为实际需要面对的情况，只需要沉默三十秒。

销售天王霍金斯提醒业务员：勇气、专心坐好与沉默三十秒，是销售中最关键且最容易练习的技巧，唯有做到闭嘴以待，才不会错失大钱。但很少有人能做到。

虽然我们难免羡慕许多成功者有其独到的表演心法，但究竟很少有人天生就拥有一流的沟通力。你可以借由模仿、练习与改变心态，来培养这个"软技能"。

心理学家依照自信心与同理心的程度高低，把人类的沟通模式分成无尾熊型、狗型、鹰型和狮型等四种。无尾熊型的人以宅男、宅女为代表。他们很少与人沟通，缺乏自信，同理心也不足；狗型的人多数是例行公事的上班族，有同理心，能乖乖办事，但同样缺乏自信；鹰型的人以主管居多，追求自我表现，缺乏同理心；狮型的人则是有高度自信心，也有强烈同理心的领导人，爱表现，也乐于助人，但容易给人压力。

对于这几种类型的沟通模式，我们必须先了解自己的倾向，才能针对盲点加以改善，进而在任何情境下都能成为擅长听与说的良好沟通者，以下几种沟通策略可以帮助你突破盲点：

无尾熊型沟通者可以这样做：

（1）跟人说话时多多练习以眼神凝视对方。

（2）发言前先打草稿，以增强自信；累积足够的正面经验，以降低出错的风险。

（3）多多争取说话的机会。

（4）请上司或好友提醒、纠正你的沟通缺点。

（5）找出你的假想敌或学习的对象。

狗型的沟通者可以这样做：

（1）扩大自己的优势以增强自信。

（2）用自己习惯的沟通方式提升自信；不擅口头表达的人可改用文字来沟通。

（3）录下自己说话的状态，不断的检讨和练习。

（4）多多争取表达的机会。

（5）平常多跟经常正面鼓励别人的朋友在一起。

老鹰型沟通者应该这样做：

（1）讲话前随时提醒自己，要同时打开自己的耳朵。

（2）除了自觉之外，请朋友帮忙注意你的表现。

狮子型的沟通者不妨这样做：

（1）要自我省察，节制偶尔过多的自信心。

（2）请朋友提醒，让自己的表达适可而止。

总之，人际关系是双向的。在这种类似拼图游戏的互动中，你不妨将最后一块拼图的主导权交给对方，让对方心甘情愿的与你一起圆满完成任务。为此，你需要消除自以为是的习气并且克制盲目的说话冲动。不过，一旦你学会了这些技巧，不仅你的沟通能力会提高许多，事业也可能会因此更上层楼。

分享与合作，再进化的原动力

　　底瓦尔博士服务于英国艾莫瑞耶克斯灵长类中心，他和其他研究人员曾对实验室中的几只卷尾猴做过一个实验，想观察它们能不能通过相互合作取得食物。

　　这些猴子被有网的隔板分开。研究小组在测试室前，在一只猴子刚好能碰得到的地方放了一个很重的盘子，上面摆的是盛着食物的碗。他们发现，当两只猴子一起合力拉盘子时，便会分享它们取得的食物。但它们只是在看得到彼此时才合作，如果用不透明的板子阻隔它们的视线，它们就不会合作。由此可见，卷尾猴合力拉取食碗并不是一项不经意的行为。

　　底瓦尔博士曾经在黑猩猩身上清楚地观察到了它们之间互相帮助的现象，他称之为"刻意的互助"。这次，他又从卷尾猴身上见到了这一现象，他认为这是更加难能可贵的行为。他说："这足以证明，这种交换服务的互惠合作倾向普遍存在于动物界。"

底瓦尔博士解释说，在演化的过程中，早在3500万年前人类这一支便和卷尾猴分开了，而黑猩猩却直到约500万年前才和人类分道扬镳，因此，卷尾猴和人类是关系很远的物种。当底瓦尔和其他工作人员在实验室中发现，卷尾猴不但能够很快地学会合作，同时也会互相帮助以取得食物，并彼此分享时，不禁感到万分惊讶。他说，"人类讲求的道德并不是独一无二的现象，更非无端端的凭空而起；我们在猴子身上发现在这方面动物界有类似性。"

分享与合作一向是我们的事业标榜的最高经营理念，成功的伙伴们对此几乎无不津津乐道。相信大多数的伙伴都会自信满满地说："分享与合作，我们最在行。"不错，自创业至今，克缇最足以傲人的就是企业文化。"六大信条"说得最明白：扶助值得帮助的亲朋，您就会有福气。把喜悦与人分享，喜悦也就更加丰盛。事事讲求分享，代代永得平安。假如我们故步自封，认为自己已经充分体现了分享与合作的内涵，我们很可能就会失去再进化的原动力。换句话说，分享与合作是一个永无止境的标杆。

分享与合作是每一位成功人士必备的基本条件，因为唯有通过分享，整个组织体系才会和谐；唯有通过分享，我们的事业才会蒸蒸日上。分享不仅能够创造出财富，更能成就人们完美的人格，这个价值甚至远超过可以量化的金钱。

分享意味着付出。付出是一种深刻而持久的传承，传承的行为也是一个人身心健康的重要表征，背后的信念应是"给人一条鱼，只能吃一餐；教他学会钓鱼，一辈子都有鱼吃"。我们培育他人最好的方式就是把爱的火炬传承下去，让他们的人生能够以意料之外，而且非常美好的方式茁壮成长起来。这和"六大信条"的精神正可谓是"一以贯之，不谋而合"。

学会合作同样是我们取得成功的必备条件。与他人合作需要我们有良好的人际关系、乐于付出和奉献，这将使我们最终与同伴共享荣耀。在与同伴合作的过程中，我们的成长将影响别人。今天我认识你，我自然有责任来帮助你，如果你同样用这种心待人，就很容易获得成功。我们再集合众人的力量去帮助少数人度过生活的危机，也用此心态帮助一些人在这个事业里获得人格成长、事业成功，这一些人又去帮助更多的人……我们的事业就会在互助与合作中遍及海内外。

另外，我们在与同伴合作的过程中，经常需要互相帮助，这能够使我们获得很大的满足感。早在1988年，路克斯博士就提出过"助人者的快感"（helper's high）这个名词。有50%的助人者表示，他们在帮助别人时感到会"亢奋"，还有43%的人会觉得自己变得比较强壮、有活力，甚至有13%的人身体的疼痛减轻了。

既然分享和合作如此重要，我们该如何实现它们呢？

首先，要奉行我们的"六大信条"。我在创办事业之初即以"六大信条"勉励大家奉行分享和合作的为人处世之道。"六大信条"中提到：要扶助他人；把喜悦与人分享，喜悦也必会更加丰盛；奉献爱心不求回馈的人，永不缺欠；事事讲求分享，代代永得平安。事实证明，信奉"六大信条"的人往往都懂得分享与合作，他们经营的事业也愈做愈好，最后不但在事业上取得成功，在人际关系上也获得了成功，这一点往往比赢得财富更有价值。

其次，我们要善于从别人身上获取经验，并乐于将自己的经验传授给他人。美国的大教育家杜威博士，就是主张"从做中学"的学者。换句话说，"行万里路，读万卷书"是求取知识的通道；谈人或谈事也是获得知识的方法之一。这也正是为什么我们的事业特别强调要吸收成功者经验的原因。

我们所要传递与分享的知识是相当广泛的，其中涵盖儒家的管理思想，以及对产品的理解、对金钱的运用、对客户的服务……而每一个项目都必须透过多次的教育训练，才能让参与的伙伴们都进入这一知识的宝库。

最后，在每一个日子的开端，我们都要检视自己在心灵上是否还有尚未打开的死角，它们有可能让我们的能量或观念受到局限，从而迟疑与人分享或怯于与人合作。如果有，想想那囚居一隅的卷尾猴吧！相信人类再进化的空间，将是无限宽广的，我们何不期许自己成为不断进化的先锋呢？

用知识创造财富

　　有一家工厂的机器坏了，工人检查了几天都没能发现问题。老板听说有一位工程师知识面特别广，很擅长处理各种机器的故障。于是，他托人请来了这位工程师。这位工程师用手在机器上拍了几下，就指着一个部位对老板说，"让工人把这儿打开就能发现问题了。"

　　果然如他所料，机器打开后很快就修好了。老板在向工程师支付报酬时，有些不甘愿地说："你在机器上指了一个地方，就挣了相当于工人半个月的钱。"

　　工程师微笑着回答道："我的这个动作确实不值钱，但是我知道在哪儿指就值这些钱。"

　　上面故事中的工程师正是因为具备渊博的知识，才能够快速地发现机器的故障所在，从而为自己获得一笔财富。由此我们可以得出一个结论，那就是知识可以创造财富。

　　知识是人类对世界万事万物不断认识的产物。哲学家培根曾说："知识就是力量"，他的名言历久而弥新，为这个纪元写下了注脚。21世纪的发展显然需要大量的知识，也需要大量能用知识创造财富的精英。

知识不仅能够满足人们对财富的渴望，还能扩展人们的视野和创意。在工业革命之后，西方出现了大量以知识创造财富的巨擘，创立"诺贝尔奖"的诺贝尔就是其中最典型的代表。透过市场的转换，知识俨如世界流通的货币，更是一种无形的资产，可以随机变现，并有傲人的投资报酬率。就像时下当红的生化科技，就有点石成金的致富效果。

当然，知识的魅力不仅来自满足财富的渴望，更在于它能扩展人们的视野和创意。一般而言，创意也就是点子，当人类在面对一些问题时，运用各种方法去思考，就会产生种种构想，好的构想就会成为创意。如果我们能用新鲜或不同的观点，去看一些早已习以为常的事物；如果我们能用其他事物来刺激自己，以达到触类旁通的启迪效果；如果我们面对某一问题时，能从许多不同的角度去思考；如果我们偶尔也能采取曲折迂回的手段，不与问题进行正面对决，而是通过从旁绕道来解决问题，我们便可逐渐增加自己创意思考的能力。

既然创意是以非线性方式变动的21世纪主要核心能力之一，那么该如何来激发它呢？消除头脑的僵化，正是创意的触媒剂。在日常生活中，下面几个方法可以帮助我们活化思考能力，随处都能信手拈来新点子、变化新花样：

（1）要知道，绝大多数的事物答案并不只有一个。思考时，未必需要逻辑化，更别被视觉所束缚；你应当无视既有规则的存在，更不要害怕犯错。

（2）每一个人都具有创造力。你可以想一些自认"愚蠢"的事，保持模棱两可而不妄下结论。切莫认定你所思考的事不是自己的专长。

（3）善于发现问题。如果不能发现问题，你的创造力也就会受到阻碍。

（4）思考时改变原来的观点，换一个角度来看一看、想一想。

（5）逆向思考，往往会有出其不意的发现。

（6）把你点点滴滴的想法组合起来，变成一条线。

（7）寻求解决方案时，想想别人会怎么做。

（8）把现有的信息重新排排看，是否还另有新观点？

（9）改变一下游戏规则，往往可以找到思想的新出口。

（10）肯定"想象力比知识更重要"，你可以透过知识计算苹果里的种子，但你却无法算出种子里的苹果。

通过上述10个方法，可以归纳出创意不外乎好奇心、发问心、假设心、整合心、应用心与精进心。而具有创意的人大多勇于冒险与尝试，并有幽默感，他们相信只要转个弯就会有新的想法，而往往这也正是把不幸转化成幸福快乐的转换器。

既然知识有着如此重要的作用，我们又该如何增加自身的知识呢？

首先，我们要学会从多渠道获取知识。处身于十倍速度成长的21世纪，掌握21世纪的能力变得格外重要。就像春蚕必须吃下大量的桑叶后才会吐丝，人们必须灵活地通过计算机上网，或上图书馆查百科全书、报纸、杂志，或通过其他的信息渠道，迅速地吸收所需信息，进而有效地消化、反刍，才能紧跟时代步伐。

其次，我们要通过不断的创新来使自己的知识发挥更大的优势。

苹果计算机的创办人乔布斯是21世纪数字时代的全球风云人物，他在创新上独领风骚，以供给创造需求，在他的主导下，苹果计算机的产品由iMac、iPod、iPhone到iPad……不断推陈出新，而创新不仅成为苹果制胜的营销法宝，也使"苹果"取代"谷歌"（Google），一跃成为全世界最有价值的商业品牌。

苹果计算机成功的故事说明了创意思维足以促使整个市场创新。在现今信息爆炸的社会里，知识的折旧率愈来愈快。回首20年前，如果享有独特的知识约可掌握5年的竞争优势，但到10年前，已由5年缩减至2年，而今，拥有知识的优势只能维持半年的竞争力。

在世纪交替前，媒体一再引述专家的话，预言21世纪将是一个由知识经济领衔担纲的新时代。只是听之者众，真正了解其中含义的人却少之又少。

21世纪是属于知识英雄的世纪。每一个行业都在等待英雄来创造历史，跃出低谷，因此凡是拥有知识的人也就拥有了更多成功的机会。既然知识是主导事业转变的成功之母，我希望每一个伙伴都能因为分享知识利益而虎虎生风。

好习惯带来一生好运道

"凡人变英雄"的代表人物之一——亚都丽致酒店前总裁严长寿，虽只有高中学历，却因掌握了开启机会之门的金钥匙，一路从美国运通旅行社的传达员跻身职场金字塔的尖端。在自传《总裁狮子心》一书中，他以自己的奋斗经验指出："将付出、学习和接受批评与建议当作工作习惯"是一个人晋升乃至成功的关键。

书中明确提到了好习惯的重要性。"习惯"这两个字若分开来讲，"习"是指学习，"惯"是指惯性。过去的思考与行为模式到底适不适合应用在当前的形势下，是非常值得讨论的，一般人往往并不自觉而任由惯性牵引着自己走向轮回的生命旅程。

美国的心理学之父威廉·詹姆斯告诉世人，命运源自惯性。因为，播下一个行动，你将收获一种习惯；播下一种习惯，你将收获一种性格；播下一种性格，你将收获一种命运。每个人的聪明才智其实差不了多少，真正区分不同命运的是你究竟能不能把自己要实现的目标转化为你的习惯。

习惯的力量的确强大无比，《与成功有约》一书中说，习惯对人类的生活有着非常大的影响。"习惯会在不知不觉中，经年累月影响着我们的品德，暴露出我们的本性，左右着我们的成败。而习惯的巧妙之处就在于它能使人在一个无心、自动的情况下行动。"因此，"我们应该尽可能地将有用的行动自动化、习惯化，而且越早越好、越多越好"。

所谓"有用的行动"，指的是那些能带来成功的习惯。即使它们看起来有些微不足道，但我们若能持之以恒，这些好习惯便会成为帮助我们获得成功的推手。

只要加上"持续的力量"，小习惯亦终能成就大事。美国总统克林顿在就读大学时，养成了整理人物笔记的习惯。这个习惯让他能更快记住对方姓名以及身家背景，顺利累积人脉存折。振兴医院医学中心主任魏峥行医三十九年来，养成了每个月记录手术心得的习惯。他在生活中随时记录下能让手术开刀更快、更好的小技巧，三年前，他所领导的心脏移植小组在健保局公布的心脏移植存活率的案例统计中，取得了第一的好成绩，凭借的也就是这种任何事都可能被改进，即使是最微小的改变亦能使手术更成功的心态与习惯。

持之以恒的力量看似简单，却充满了无限的可能性。曾经有人以骨牌游戏来证明持之以恒的力量，以每一张骨牌按自身体积的一倍半依次递增。在这个实验的游戏中，每一张骨牌都能推倒重量是它自身一倍半的下一张骨牌。经过计算，第一张骨牌倒下去的推力与第13张骨牌倒下的推力，其间的差距竟有20多亿倍。依此类推，第32张骨牌的推力是第13骨牌推力的20多万亿倍。这也说明了刚开始的一股微不足道的力量，只要持之以恒最终可以产生出不可思议的爆发力。

要养成一个好习惯其实并没有想象中困难。研究指出，建立一个新习惯，依难易不同，需要18到254天的时间，但平均只要66天就能成功培养出一个新习惯。做事时多加一个步骤，或者是每一天多花一点时间，微不足道的小习惯就可能成为帮助我们成功的关键。成功究竟有没有捷径呢？

这个问题似乎从来不乏好奇者。就像古老的神话中曾经揭示过点石成金的本领，千百年来不知道有多少人幻想过自己幸运地有此异能。其实说穿了，点石成金的秘方就在我们的生活里，在于你将勤奋工作化为习惯。

其中，基础部分具有成败攸关的重要地位，就跟盖台北101这栋超级摩天大楼或者练就一身好功夫的道理一样，若是地基底盘不够稳固，是无法承受上层的巨大压力的。如果企业一开始就透彻理解诚信、务实的经营理念，并且能够坚持地贯彻下去，使之成为习惯，这种好的开端就会迅速使企业走上成功之路。

"业精于勤，荒于嬉"。善用习惯的能量固然可以建造出万丈高楼的人生境界，但若失之骄逸，丢掉了从基层出发时的宝贵习惯，眼看他平地起高楼，亦可能见到高楼的倒塌。

好习惯的功效正如同成功的特效药。举例来说，香港首富李嘉诚小时候在茶楼当跑堂伙计时就习惯把闹钟调快8分钟，这是为了让自己提前做好准备。经过多年的努力，他终于成为香港首富。即使到现在，84岁高龄的李嘉诚仍然维持着把表调快8分钟的习惯。提早8分钟，让他可以做得比别人快、比别人好。

相较于李嘉诚的凡事提早8分钟，"拖延"正是现代人普遍的慢性病。拖延到底会误了什么大事呢？如果我们不善于利用黄金时间处理重要、棘手的事，就会导致一连串的灾难。例如目前最热门的话题：欧债危机。主事者虽然并没有视而不见，但是怀着侥幸的心理，还在期待传统经验中的宽松货币政策可以让问题自然消失。而这样的后果可能是金融风暴再度席卷而来。

对付拖延最好的方式就是及早养成好习惯。从时间管理来看，你要选择驾驭时间，还是被时间绑架呢？从健康管理来说，你是选择多一点运动、多流一点汗，还是愿意承受接到体检报告时的无力回天的感觉呢？唯有在时间、健康、财富、人脉等需求中做好管理，才不会让你陷入亮起红灯的险境。

培养几项成功的好习惯会是成本效益最大的投入。上天对每一个人都开放了许多能够让它们命运翻转的机会，但最后结果如何，就要看你是否准备好、是否做对事、是否形成了好习惯。所谓准备好，包括准备内心的修养与外在的能力，只有两者兼具才能更有效地做对事，也才能把机会变成成功的果实。

希望大家都能无畏于改变过去的老样子，养成有利于成功的习惯。

经营友谊，能使泥土变黄金

曾经流行一时的歌曲《友情》，每次唱来总是令我的心弦深受震撼。它的歌词是这样的：

友情、友情，人人都需要友情；

不能孤独，走上人生旅程。

要珍惜友情可贵，逝去的友情难追；

诚恳、相互勉励，闪耀着友情的光辉，

永远、永远让那友情，温暖你心扉。

友谊和其他的人际关系（夫妻关系、亲子关系等）一样，是需要我们用心经营的，尤其是你特别重视的友谊，若不经常灌溉、耕耘彼此友谊的心田，则容易使友谊之花枯萎与凋谢。

友谊似玻璃，是敏感易碎的。那么，我们究竟该如何经营友谊呢？

首先，要彼此敞开心扉。我们都经历过友谊的"蜜月期"，那种与好友之间惺惺相惜、相识恨晚的感觉，和在茫茫大海中望见灯塔绽放的光明一样，令人心神振奋。然而，"蜜月期"总有事过境迁的一天，导致境迁的因素往往就是彼此之间缺乏充分的了解与信任。我们唯有先对方一步敞开自己的心胸，主动向对方表达自己的理念和价值观，才能更好地维护人与人之间脆弱的互信关系。

　　其次，"说好话"相互勉励。诚如《友情》这首歌里所提及的，除了态度诚恳，良好而持久的友谊也不能缺乏"共勉"的营养。事实上，所谓的酒肉朋友和"友直、友谅、友多闻"的益友，最大的区别正在于，彼此之间能否相互提携，让人生的境界更上层楼。

　　话语能够反映一个人的思想与态度，是人际沟通的主要工具。会运用这项工具的人，不仅能够正面地表达自己，同时也会不断地激励他人。恰到好处的言谈必然有锦上添花的功效，因此，说话是一门可以磨炼与提升人的艺术，其中的技巧，远非文字所能形容。

　　那我们怎么样说话才算说得最得体、最有效呢？根据我多年经验的归纳，要达到臻于化境的地步，仍有一定的规则可供依循：

少说抱怨的话，多说宽容的话；
抱怨带来记恨，宽容乃是智慧。
少说讥讽的话，多说尊重的话；

讥讽显得轻视，尊重增加了解。

少说拒绝的话，多说关怀的话；

拒绝形成对立，关怀获得友谊。

少说命令的话，多说商量的话；

命令只是接受，商量才是领导。

少说批评的话，多说鼓励的话。

这最后一句"少批评、多鼓励"，可以说为"好话"做了最佳注脚。例如在日常生活中，如果你经常跟家人、朋友或工作伙伴说："做得好！""了不起！""好主意！""你走对了！""进步很快！""很不错噢！""这正适合你！""我真以你为荣！""实在是太好了！""进行得很顺利嘛！""你每天都有进步喔！""没有人是十全十美的。""那真是一件令人愉快的事啊！""现在你可以一路顺风了！"……相不相信，对方一定会因为自信心越来越强而笑口常开，事情也会因此而变得无往而不利。更重要的，你的口出善言、舌灿莲花，会赢得最可贵的人间情谊，别人将视你为知己，当你需要帮助时，援手必来自四面八方。

最后，"做好事"扶植亲友。如何做才算做好事呢？关于这一点，要诀可谓尽在我们的"六大信条"里。例如第一条说，扶助值得帮助的亲朋，您就会有福气；第二条，敬爱家人朋友，也必得人尊重；第三条，把喜悦与人（朋友）分享，喜悦也必会更加丰盛；

第四条，爱自己的事业，诚实对人（朋友），必得成功。"六大信条"的精神不外乎：无私无我的服务、帮助与分享和反馈。二十多年前，这些文字代表的是我们的经营理念；二十多年后的今天，已有无数伙伴通过切实遵行"六大信条"的方向，赢得了尊敬与成功，可见奉行此信条的人，也就是做对事的人。其中要诀，则是只要求自己，不要太在乎立即的效果与反应，因为日久见人心。当你持之以恒地服务与奉献时，当你豁然大度地愿意和别人共享美果时，种瓜得瓜的善因就已深植下了。你因此会获得善意的回报，这根本就是宇宙运行的自然法则。

在我的创业过程中，我既没有显赫的家世背景，也缺乏傲人的财务支援。今天，我们的事业之所以能蒸蒸日上，绝大部分的资产来自于人际网络。换句话说，是友谊使我们的事业得以萌芽，是友谊使我们的事业得以壮大，更是友谊使我们能不断成功地传递"克缇三宝"——健康、美丽与财富。

众多成功的事业中，俯拾皆是"夫妻同心，泥土变黄金"的实例，但我相信，可以继续开发与探索的，还有好朋友之间的相互合作与经营。如果你愿意以开放的态度认识新朋友，并事事讲求分享，不吝鼓励和赞美，相信朋友之间"同心"一样可以使泥土变成黄金。

第三章

赢得成功人生的六种心态

人生如戏，被你轻视和忽略的，终会成为横亘在你面前的鸿沟。花香，常在夜色中；奋进，常在孤寂里；成败，常在一念间。拥有什么样的心态，你就会收获一种什么样的人生。你微笑地面对生活，那么你的人生也是微笑着的。唯有保持良好的心态才能将不利的因素转化为成功的因子。你若盛开，清风自来，把握好心态，用良好积极的心态迎接多姿多彩的未来，成功指日可待。

一念之间，成败悬隔

穷、富之间，究竟有着什么样的观念鸿沟？下面的内容为你提供了一目了然的对比。

穷爸爸说，贪财乃万恶之源。

富爸爸则说，贫困才是万恶之本。

穷爸爸说，努力学习就能去好公司工作。

富爸爸则说，努力学习就能发现，自己将有能力收购好公司。

穷爸爸说，我不富有，是因为我有孩子。

富爸爸则说，我必须富有，因为我有孩子。

穷爸爸说，挣钱的时候要小心，别去冒险。

富爸爸则说，要学会风险管理。

穷爸爸说，我可付不起。

富爸爸则问，我怎样才能付得起呢？

穷爸爸说，我家的房子是我们最大的投资和资产。

富爸爸则说，我们家的房子是负债，如果你的房子是你最大的投资，你就有麻烦了！

畅销好书《富爸爸与穷爸爸》，通过导致贫富不同结果的观念对比，让人反躬自省，进而换一种思考模式，调整一下价值观点以改变自己甚或是整个家族世代的命运。

作者的穷爸爸聪明绝顶，受过良好的教育并拥有博士光环；富爸爸则连初中二年级都没能念完。二人对于理财的观念与态度大相径庭，最后的人生结果也就有了天壤之别。学历佳的穷爸爸始终在个人财务问题的泥沼里挣扎；没有读什么书的富爸爸则成为夏威夷最富有的人之一。

二者差异悬殊的根本原因在于对待财富的观念，不同的思维模式造成了贫穷和富有的人生差异。穷人与富翁的人生方程式的确是天地悬隔。年轻时，能力与情况差不多的两个人，一个人习惯不断地限制、放弃，终于穷途末路，另一个人因为不断地启动大脑，锻炼出"事在人为"的思维，脑袋愈灵活所挣的金钱也愈来愈多。

这是真实的人生故事，你很可能就是下一则故事的主角。我期望你能实践积极进取的观念，扮演的是那位懂得创造财富的富爸爸，而不是墨守成规、画地为牢的穷爸爸。

事实上，在任何一个成功者的眼里，轻易就说出"我负担不起""我办不到""我不可能"……这类自我贬抑的话语是一种精神上的懒惰。成功的人永远都在寻找可能性，寻找打通难关的诀窍。一旦遇到有关金钱的问题，富者总会去想办法解决，穷者则习惯于顺其自然，因此减少了经常性的动脑机会。

其实，命由我不由天，我们每一个人都有平等的成功机会，关键在于你是否具有积极而正向的思考与态度。那些极富智慧的人早已参透了命运的真谛，掌握了成功的"心法"，因此他们无论做什么，成功都会和他如影随形。

和我们的事业同质性甚高的日本营销天王中岛薰，就是一个善用"心法"来成功致富的具体实例。所谓的"心法"指的正是思考的方向与态度；如果你能转负面的心念为正面的取向，那么，贫穷与富裕并非天差地远，其实只在一念之间。

中岛薰所指的富裕之士并非只是物质上富有的富翁，同时也是精神上十分富裕的富翁。他识人无数，根据归纳众人经验所得出的法则写下了"赚钱五句箴言"：

（1）心中务必忘却金钱。

（2）时常对花钱购买您商品与服务的顾客心存感谢。

（3）想象自己埋身于工作的认真样貌。

（4）时时不忘对职场上常使用的器具，如计算机、电话、手机、电话簿、传真机、名片、文具、钱包等说声"谢谢！"

（5）对父母及职场上照顾自己的上司与同僚，时时心存感激。

中岛薰的致富心法和我所揭示的"六大信条"十分神似。他强调感恩之心招来财运、感恩之心使幸福倍增、助人之心带来福报……要我们从富翁身上学到金钱以外的大道理；简单地说，就是赚钱的EQ（情绪商数）。如果你立志"奋发向钱"却没有圆满的招财心态，那么，你便不可能得到财富，只有彻底地转换观念，并切实地改变行为才能达成心愿。

转换观念、改变行为的关键在于内心的自省。孔子说："见贤思齐焉，见不贤而内自省也。"曾子亦说："吾日三省吾身。"即要求我们经常反思自己，并从反思中获取前进的力量。

懂得自省的人才能跟得上时代的步伐。在当今科技迅猛发展的年代里，没有人能保证永远不犯错。因此，实时的自省和检讨，就是纠正错误和实现转型的不二法门。面对激烈的竞争、面对瞬息万变的市场环境，一个人如果不能及时察觉自身缺点，不能用最快的速度纠正自己的思考方向，必将面临衰败或惨遭淘汰的无情结局。

换句话说，贫者之所以为贫，富者之所以为富，并非出于命运之神的操弄，其中道理在于两者想法上的差异。

中岛薰认为，人生在世没有人能与金钱撇清关系，应该及早厘清自己对金钱的观念，否则不易成功、致富。金钱是使自己幸福、快乐的工具之一，虽然不是万能，但没有钱却万万不能。

如果自己经常缺钱，只有知道自己经济拮据的真正原因，然后人生才可能有所改变。也就是说，改变是跨出富裕人生重要的第一步。

改变的内涵不外两种。一是改变外在的环境，一是改变自身的做法。中岛薰的成功法则是"做不一样的事，或是以不同的方法做事"。你不妨从改变日常生活的习惯着手开始尝试新事物。如果你能够不再拘泥于过往的思考模式以及行为框架，或许你就会和中岛薰一样，欣然地发现人生处处是转机，人生遍地是黄金。

事实上，贫者和富者的原始差异就在于思考模式。换句话说，一旦贫者能够做不一样的事，或是以不同的方法做事，他就有了逆转的机会。

转念的力量足以改变命运，相信各行各业的成功人士对此都有所体会。就克缇事业来说，当市场的销售渠道愈来愈多元化，当科技的新技术愈来愈变化多端，传统的销售方法势必面临转型的挑战。在这个决战胜负的关键时刻，你是否能用转念的力量跳出以往惯性的窠臼，开展出前途的新格局呢？我想，中岛薰所说的"愿意尝试新事物"，应该是试金石。

在这个属于知识经济的新时代，尤其是一向以士大夫观念建立社会秩序的华人世界，穷爸爸与富爸爸的故事的确饶富深意。

或许你从小养成了比较容易自我放弃的消极观念，不过，在克缇事业，你只要全心投入，认真学习，绝对有机会解开老祖宗世代相传的魔咒，进而养成成功者——富爸爸的思考习惯。过去我们习惯面对面的推荐与销售，这种方式颇富人情味但耗时、费力。在网络四通八达的现代社会，即使足不出户亦可传遍天下，但前提是你要深谙个中技巧。面对这样的形势，谦卑学习是成功唯一的捷径。

一念之差确实可以使穷富天地悬隔。一旦造就了成功、富有的思维，你的家族也就遗传了成功、富有的基因。或许你早已是业内的老骥，如果你能在转念之间把自己当做求知若渴的新人，不断学习新知、超越自我，你的命运必然充满光明。

人生需要逆境的淬炼

在200多年前的大西洋彼岸诞生了一位世界伟人，他用最简单的坚持、最大胆的探索改变了世界的面貌。这位世界伟人就是解放黑奴的美国总统林肯。

美国的《新闻周刊》将他描述为"叛逆巨人"。在后海啸时代，我们究竟可以从巨人身上发现些什么？事实上，他的生命正是一个关于自我锤炼、自我探索以及自我实践的旅程。《未来在等待的人才》一书的作者品克便说："现代年轻人最应培养的特质，一是单纯为做一件事而非得到外在奖赏才迸发的内在动机；二是坚持到底的毅力。"

站在巨人的肩膀上，我们的确可以看到林肯在逆境中如何坚守理想，追求心之所属。英国《泰晤士报》曾经刊登美国历任"最伟大的总统"排行榜，林肯排名第一，比美国国父华盛顿的声望还高。然而回顾林肯的经历，他一生屡败屡战。7岁时全家被地主扫地出门，9岁丧母，26岁爱人死亡，他几乎发疯。他两度经商都失败了，24岁的破产甚至让他负债16年。他想要从政，但数度竞选参议员失败。共和党成立之初，他毛遂自荐，要代表党参选副总统，但党员投票结果他只获得110张选票，不到对手票数的一半。尽管屡战屡败，但他总是"知其不可为而为之"，一贯地坚持初衷。林肯的不凡也正在于此，正是逆境中的坚持成就了这位"最伟大的总统"。

林肯的经历告诉人们，淬炼后的人生更灿烂。2008年以来，全世界笼罩在由美国肇端的金融海啸余波中，大多数人都感觉到以往的价值观顿失所依，悲观气息弥漫。此情此景，恰如林肯所经历的那个时代。

在物质享受丰裕、科技文明一日千里的21世纪，古代打造刀剑所需的"淬砺"术——先把刀剑烧红后浸入水中，使其具有一定的硬度和弹性，可能早已乏人问津。社会上普遍存在的是软弱易碎的"草莓族"或"水蜜桃族"，他们的生命未经淬炼，无论生活中的任何一种要素发生变化——工作、学业、感情、经济……他们就动辄以求死相向，难能可贵的生命往往未见灿烂光华，就像一颗划过天际的流星一般，黯然陨落了。

一个经常考第一名的人，如果不在生命早期就有过挫折与失败的经验，很可能缺乏韧性，终而应验了"小时了了，大未必佳"的经验法则。这景象不仅出现在台湾地区，甚至在地球村的各个角落都有迹可循。社会学家开始探索现代人难以应对的"逆境"究竟有无解药，结果发现，通过淬炼造就的生命硬度和弹性，在这个快速变迁的高科技时代尤其不可或缺。

因为，我们的上一代虽然过着穷困的物质生活，但生命的节奏却是有规律而缓慢变化的。活在当前，外在的改变太过快速，即使个人并不想变动，也会被外在环境的迅速变迁逼迫作出改变。而现代的企业经营已经不再能自己埋起头来做事。不争的事实是，消费者在改变，竞争者在改变，科技的迅速突破也天天改变着游戏规则，处在这样快速变化的时空，现代人的人生已经多变到跟时时需要应变的企业别无二致。

没有人知道明天会变成什么样子，危机总在意料之外，为什么人生总有这么多变与不可意料的危机呢？美国畅销书《逆境的祝福》的作者安吉丽思说，危机的背后总有上天的礼物！面对变动与难测，企业需要应变，人生也需要应变；如果你学会做"新塞翁"，逆境就可以是人生的祝福。

过去，塞翁失马，焉知非福；现在，塞翁失马，必有祝福。条件是你必须让自己的心通过淬炼，变得像原野、海洋、天空一样开阔，能够容纳得下无限的可能性，也能享受生命来去的自由。

不可否认的是每个人都有好逸性——喜好顺利，厌恶违逆，对于自己能力之所及和预期中的事欣然接受，对于逆境则不满、排斥和反抗，甚至要求外境顺乎自己。然而，久而久之，人的抗压性就会减低，即使是一点点的风吹草动也有地震与飓风来袭的不安感受。

顺利通过逆境考验的人一定都能体会到，生命像一股激流，没有岩石与暗礁便激不起美丽的浪花。生命中所有的事情不论如何发生与开展，最后都是由自己的心态决定结局的好或坏。外界可以给我们坎坷的环境，却没有办法给我们一颗对抗挫败的心；同样地，外界可以为我们提供最佳的生活条件，却没有办法保证给我们一个成功的人生。

换句话说，外在的遭遇并不能定义你的人生，真正左右你命运的关键在于你愿不愿意坦然接受生命的淬炼，让自己沉淀下来，去芜存菁，不断检讨、不断学习、不断提升。

为什么没有失败经验的人往往成就不了大器呢？简而言之，因为他没有沉淀与淬炼的机会，没有生命中必须具备的深度、广度等营养要素。

事实上，企业的生命和人类别无二致。一个不够丰厚的生命，无论是人或者企业都会有半途夭折的致命危机。

这个世界看似处于和平状态，没有连天烽火，也不见尸横遍野。殊不知商场亦如同战场，纵使表面的战争一时隐匿，在高度科技化与贸易化的21世纪，激烈的商业战争可以说是无时稍歇。

而关于战争的不变铁律，则是有对立就有伤亡，有拼斗就有成

111

败；因此，成者为王、败者为寇的角色扮演几乎是每一个现代国家与企业都无法豁免的命运戏码。

管理大师终日思考的，其实就在企业的"成""败"二字之间。而此起彼落的管理理论不断推陈出新，意味着胜、败乃商场兵家常事，没有一个策略能恒久保障任何一个企业，在瞬息万变的市场行情中永远屹立不倒。

换句话说，就经营企业的心态而言，平常心非常重要。这里所谓的"平常心"也就是看清楚胜败在企业永续经营的过程中所具有的特殊意义，以至于胜不骄、败不馁，让每一次的失败都能成为"成功之母"。

因此，智者看重失败会跟对待成功一般地小心翼翼。失败就像是长途旅行中的休息站，如果不懂得利用这个机会重新整装，检讨策略、拟定目标，又如何能随机应对不断变化的外在环境呢？而失败所能提供的最佳教训，是让我们随时都保持一颗谦逊的心，不踏进自满的陷阱。这种勇于面对、勤于学习的心态，往往就是迎向成功的不二法门。

中国禅宗的高僧，总是提醒容易在逆境中迷失自己的凡夫俗子要"借境练心"，我也想用这四个字勉励所有的伙伴们。这是一个变动快速的时代，只要做好坦然接受淬炼的心理准备，虚心检讨、扎实学习、不畏蜕变，一旦通过考验，你就会脱胎换骨，展现生命最灿烂的光华。

这个道理对于身经百战、骁勇无比的营销人才来说，或许不是那么耳熟能详，但我希望偶尔因气候不佳而碰到泥泞的时候，我们都能舒缓脚步、重新布局，勇敢迎接逆境的淬炼。

笑对挫折，再创事业高峰

全球第二大消费性电子制造商索尼企业（Sony），素来便是"日本精神"的同义词。不幸的是，自2003年第一季起，索尼公布财务报表出现十年来的首度亏损，便经历了诸事不吉的三年霉运。直到2006年初，索尼猛然宣布获利，还修正年度财务手册，从原本预料的亏损8600万美元大幅调升到获利6亿美元。好事成双还不够，上一季索尼的净利高达14.6亿美元，创下史上单季的最高纪录，是分析师原本预估的二倍以上，俨然是三喜临门。

消息公布后，索尼的股价在日本以及纽约的股市同时大涨10%以上，更鼓舞了大批日本投资人，带动日本股市直飙五年来最高峰。"索尼终于复苏！"《华尔街日报》向世人宣告。回顾2004年，索尼营业额创下历史新低，赚的钱甚至不到1998年的1/4；而2005年时，索尼还惨遭美国《商业周刊》评价为"品牌价值下降最多的公司"，甚至落后于打着"超越索尼"口号的韩国三星。

这是一个企业反败为胜的真实案例，象征着企业及人生的确可以在拨云见日后，开创出柳暗花明又一村的亮丽前景。索尼之所以能够逆转局势，主要靠的就是占总营业额20%的索尼主力——电视。2005年秋天，索尼推出液晶电视Brava，并通过打平价策略抢攻全球市场，让索尼平面电视业务销售额暴增16%，全球捷报连连。

诚如畅销书《活在当下》的作者安吉丽思所说，"逆境让你看清楚自己"。在漫长的人生战斗中，每个人都和索尼企业一样，必须不断地面对改变，面对他人的看法与评价，以及无数次的失望或不愿接受的结束……不过最重要的是你是否能安然走出困境，让人生峰回路转，柳暗花明后再现生机。

在2007—2009年的全球金融危机中，许多国家和企业都在惊涛骇浪中面临着生死攸关的考验。在此之前，人们虽曾见证过天灾引起的天崩地裂，但很难想象国家也可能濒临破产，享誉国际的百年大企业在旦夕间即因决策失当摇摇欲坠，而许许多多无辜的工薪阶层便在景气突然反转的阴霾中，成为仰望不到自己未来的失业族群。克缇能在严酷的环境考验中不断展现企业生命的韧性，实在是值得感恩的。

自全丰盛信义105大楼竣工后，克缇集团的总部已正式进驻。宏伟大气的建筑风格象征着克缇将以稳健踏实的作风，再度振翅高飞。缔造佳绩的"克丽缇娜"，也已经衣锦还乡，荣归故里，在台湾的股票市场挂牌上市。

强森博士是全球知名的一位畅销书作家，他近期出版了《巅峰与谷底》一书。强森博士表示，自己在年轻时也经历过许多挫败，而正是这些人生低谷让他体会到，年轻人最需要学习的，就是面对现实的能力。

书中说到，"人生本来就会起起伏伏，当你在成功或以为自己很成功时，也许几分钟或几个月之后，又会觉得自己陷入低潮。如果你认为成功都是因为自己好，便开始骄傲，这时就会开始从顶峰走下坡路。很多优秀的大企业家成功之后逐渐下坠，就是因为他们骄傲自满，忘了成功的根本。对于我们每个人来说何尝不是如此，最重要的是在身处顺境时，如何让顺境能更持久一点；而当我们处在逆境时，又该如何尽量缩短时间。关键就是要面对现实，和现实为友。

不断刷新演唱会票房纪录、享有"天团"美誉的摇滚乐团五月天，唱的尽是爱、梦想与勇气，但正是因为他们走过自我怀疑、创作瓶颈的低谷，才更清楚地知道，成功是由失败累积出来的。

十年七张专辑近百首歌曲，"其实对我们来说，创作上百分之九十九都是瓶颈，因为创作是你尽了一百分努力，最后才会有一分成果"，主唱阿信说。他写歌词，写一百句大约只能用一句，"所以每完成一句歌词，我就要面对九十九句的失败"。虽然他写四百句歌词，最后只能得到四句，但这四句却足以燃烧无数年轻的心。

阿信相信，人的一生若能跟自己的失败相处，就算天分不足，灵感不够，但谁能跟自己的这些失败相处得最好，谁就愈能坦然面对自己，并能在成功后不会患得患失地继续走下去。

选择把逆境和挫折当成礼物的人，往往会是生命的赢家。因为这样的人学会了接受，接受自己现在的人生，并且心怀感激。只要去探究社会上知名人物的人生历程我们就会发现，在外人眼中"成功事业"的背后，他们也曾经挣扎、迷惘，有过遗憾和挫败，但究竟是什么样的力量陪伴他们走过生命的低谷呢？

在这个不断变动的年代，不少人常常是这一分钟还在顶峰，下一分钟就跌到谷底，你不知道明天到底是起还是落。但重要的是，不管你现在是在巅峰还是谷底都能平静、快乐，不随着发生在身边的每件事震荡起伏，能够从挫折与不确定中汲取教训。一个愿意跟逆境学习的人必能创造出下一个顺境。以开创事业为例，年轻时创业不顺的人可能还无法清楚认知到，事业就像人生一样会起起伏伏，失败在所难免，重要的是能够切实反省自己的过失，诚心改过，不断学习；假以时日，自然就能再创高峰。

归零与学习

2012年6月中，我在《商业周刊》上认识了一位74岁的日本妇女，她的传奇故事让我一路读来既震撼又感动，我当下就决定，一定要把她引介给海峡两岸的伙伴们。

她叫柴田和子，早在她50岁那年，她的名字就因入选金氏世界纪录而留驻青史。隔两年，因为她的成绩已"敌无可敌"，公司颁奖给她"永世王座"，意思是"你已经是永远的第一名，不用再跟别人比较了！"

这个身高153公分，体重73公斤，脸上堆满赘肉的妇女，被人形容为"其貌不扬的胖女人"。就外形而言，柴田和子实在是一点儿优势也没有，不过，她却做出了一番惊天动地的事业。她从事保险工作，一生经营3万个客户，连续30年拿下日本业界第一名，缔造了每年100亿日元的业绩传奇，并两度名列金氏世界纪录。

柴田说："人们都会尊重重要的人，而要在人前显贵，必得人后流泪。"能说出这番体验的人，必有能让自己成功的独门秘笈。

柴田给人的惊叹最突出的就是胆识和学习。

柴田9岁时，罹癌的父亲病逝，留下大笔债务，她与母亲、兄妹相依为命。为了养活他们，母亲总得背着货物走上二三里路到镇上做叫卖的生意，从清晨3点起来，直到晚上8点才能回家。母亲最大的心愿就是看到儿女们拿下第一名。因此，为了让母亲抬得起头来，"无论如何一定要第一名"成为她拼搏的动力。于是，在学校她靠脑力、体力；入社会她凭着一身胆识，最终获得了成功。

就柴田而言，对贫穷的恐惧有多巨大，想成功的欲望就有多强烈。儿时的一无所有，反而激发了她日后的一无所惧。在她眼中，任何事只要"没有绝对禁止，就意味着可能"，女人形象、阶级鸿沟……从来不是问题。这股精神让她一步步打破社会框架，往金字塔顶端迈进。

采访她的记者分析："世界上最有力量的人其实并不是有钱人，也不是有势者，而是一无所惧的勇者。这种人通常成长于贫困的环境。他们比常人有更热切的渴望，因而生出不怕失败的胆量，再由胆养势，以势生胆，胆识既成，就有勇有谋，自信也就源源不绝，成为人生最大的资产。这个资产的爆发力、持续力、杠杆力是所有资产之最，它能无中生有，由有限变无限。凡要突破人生苦难的人，大概都可以从柴田身上学习到这种可贵的精神。"

在柴田眼中，凡事不做则已，一旦决定投入，就要一鸣惊人。她只往前看，对于成规旧法，她视如粪土，"不做白工是我的一贯原则，"柴田直言，"我很早以前就是一个掌握要领、刁钻狡猾、工作有效率的人。"

她初入行时，上司要她列出300个人名进行陌生拜访。她认为"这样做是浪费时间"，于是改打电话给老同事请他们转介客户，结果300个人中，有187个人签下保单。活用旧人脉让她的保单比其他人高出3倍，收入急速上升。

如果说初入行时，柴田是依靠胆识和旧关系这些"靠老天赏饭"的便宜招数取得的成绩的话，那么她以后的进阶之路依靠的则是强大的学习力。可贵的是柴田始终注重知识的重要。同样是全力以赴的行动，但有知识来做后盾，成果会大得多。

因为她的野心够大，眼光也就绝不短浅。入行第二年，她在两个稚龄女儿的环绕中，坚持到大学进修财务金融课程，并准备考专业证照。这类考试非常难，有人上了八年、十年，还有更多人半途而废……虽然她白天上班、晚上上学，以至劳累到竟在课堂上打瞌睡，但仍坚持下去。柴田只用了两年，就拿到保险界最高执照。这一步也为她获得销售王座打下了最坚实的基础。

而直到今日，成功的柴田都还没有对自己的工作和学习萌生丝毫倦意。她没有抓着过去的荣誉不放，反倒比一般人更懂得随时归零，一发现大环境不对，她会立刻改变策略。她说："躺在过去的光荣簿上睡大觉，迟早会被淘汰。"就这样，这个74岁的妇女至今仍穿着亮丽的洋装，在逆风中不懈奋斗。

2004年，我接到一份意外的贺礼——集团董事黄天中博士率领所有董事，为我打造了一个"通路大师"的金质奖座。接下这份象征肯定与信赖礼物的同时，我愈发感觉到责任重大，面对成绩和荣誉，我愈加感受到自己知识的匮乏，学习的驱动力愈加强烈。

当代倡导"学习型组织"的管理大师彼得·圣吉，曾经亲至台北发表新作《第五项修炼》。他强调，"真正的学习是被理想和热情所驱动的"。大师的话语代表着我和我们这一类人的心声。

归零，然后不断地学习成长，才能启动每一个人生的新局，让大家潇洒地放弃过去种种的不合时宜，回归到原本最纯净的自己，一切重新开始。

人是惯性的动物，当年复一年年龄累增，大多数人都会背负着重重的旧习，以至遮障了清明的心眼与视野，根本无法跳脱过往的因循，更遑论开创新局。要除旧与布新，唯有建立归零和学习的心态方有可为。

归零并不断学习，在信息科技突飞猛进的现今社会，尤其有其必要性与时代意义。举例来说，手机的使用已极为普遍，人们随时随地可以利用手机、短信或是留言把讯息快速而准确地传递出去，手机还可用来辨识身份、结算账单，这个便捷的工具改变了人类之间的互动关系、社会文化以及生活习惯，成为我们生活的遥控器。凡是无法善用这项工具的人，便会逐渐被扬弃在职场的角落，成为文明社会中的"山顶洞人"。

除了手机之外，网络则是新时代的另一个重大变革。通过网络，一切的信息在弹指之间就可以传到另一个世界。而网络所产生的虚拟世界似真似幻，人们长期仅通过计算机发声，可能会逐渐淡忘了说话人的面容，和对所说话需肩负的责任……

凡此种种，和上一个世纪的生活形态与人际关系都大异其趣，你我怎可不知、不明呢？事实上，不管你是否知晓，计算机的威力早已无所不在，包括隐藏在车子里的微电脑系统、暗藏在隐蔽处的超速照相机，都在静静地改变人们的生活和习惯，形成新的逻辑和模式。

人类的生活正在改变，改变的速度超乎想象。信息科技所带来的，有正面的助益，也有负面的影响，还有一大块的未知数。如果不能认知终身学习的重要，在人生的各个面向上，恐怕都会面临不可避免的困境。处在现今的高科技时代的我们，无论谁也无法逃离这个改变的潮流，谁能顺着趋势乘风破浪，谁就是新时代的主导者。

在任何一个行业，每一位从业者都没有说"寂寞"的权利。在工作中，都需要持续性修炼，除了专业知识之外，还要有一种随时能够保持正向思考的心态。我们每天的工作并不可能都很顺利，挫折、失败在所难免。不过，如果能够往好处想、往益处看，积极地面对问题、解决困难，将会产生惊人的力量。我们的事业需要群策群力才能达成的登峰目标，又岂是一个"大师"所能只手承担的？我们需要的是一个学习型组织。

一个学习型的组织不仅要获取专业知识，更要转化知识而产生改变。也就是说，学习的成果必须变成行为。此外，学习型组织讲求持续的学习、转化与改变，是一种渐次演进的过程而不是终结的状态。就个人而言，名实相符的"学习者"是肯承认自己能力不足、还有成长空间的人，是愿意接受新事物愿意尝试错误的人。

日本的品管大师戴明有一句名言："我只是一个人，我所做的就是尽我的全力。"乍读此话，似乎说得非常卑微，但仔细思考，如果每一位伙伴都能尽全力而为，所产生的力量将是不可思议的。

在这个充分讲求合作的知识经济时代，我们这个营销网络的确令人瞩目。尤其是我们在低迷逆势中仍创成长新猷，团队力与产品力可谓相辅相成，如虎添翼。而变化多端的营销市场的确充满了"专业"的挑战：产品的专业、管理的专业、服务的专业，甚而是经营的专业。

我相信，准备好迎接挑战的人们，并非已是十八般武艺样样精通，而是具备了一种学习的文化、学习的心态，让我们每一位成员都能找到不同阶段的学习平台，因不断地学习而更上一层楼，始终保持财富的正向循环。

以我们这个团队为例，在每一位伙伴都尽力而为的情况下，我们拥有的便不只是一位"通路大师"，我们的团队势必会成为无所不通的"通路王国"。而通路王国一定来自于"学习型组织"。因为一个人真正的财富，不是金钱、不是权力、不是名声，而是强烈的学习意愿，强烈的分享意愿。

积极主动，方能独领风骚

我曾经看过一个这样的故事。

一个5岁的男孩，觉得幼儿园的功课太简单了，于是就主动跟父母亲说："我想跳级读小学。"父母建议他还是按部就班地读书，等到有足够的能力时再去读小学。

为了学到更多的知识，他大胆地提出："让我试一下好不好？如果我的能力不行，就不可能通过小学的入学考试；可是如果我考过了，就表明我能、我行，那你们就要让我去上小学。"父母很爽快就答应了。于是男孩努力读书，最后以高分考进私立小学。

故事的主角就是李开复。他曾经在全球最大的计算机搜寻引擎——Google公司担任全球副总裁兼中国区总裁的华人信息科学家。他在自传《做最好的自己》一书中，谆谆指点事业成功的规律以及达到卓越的途径。相当发人深省的是，在所有最重要的人生态度中，李开复把积极主动摆在第一位。5岁时候的这件事，让李开复懂得只要积极进取、大胆尝试，就有机会得到自己期望中的成功。这也为他日后的积极与自信奠定了坚实的基础。

积极主动的人在环境不顺遂的时候依然乐观进取。如李开复一般，拥有这样特质的人经常会说的话是，"一切靠自己，我可以做得更好。我有选择环境的权利。我要制订一个计划，以选择最适合我的专业，我要去学习如何引起人们的重视。我要放弃那些不重要的事，才能有足够的时间做最重要的事。只有我自己才有权利和责任决定我该怎么做。"

积极主动的思维准则是每一个追求成功的人应有的人生态度。心理学家的观点是，即使是在极端恶劣的环境里，人们也会拥有一种最后的自由。你可以选择积极向上、乐观奋斗的思维方式，不断磨炼自己的意志，让心灵超越现实环境的禁锢，自由自在地驰骋。

积极主动的思维方式，可以让你拥有行动的力量。世界级的魔术大师大卫·考柏菲在光天化日、众目睽睽之下，可以让纽约的自由女神像凭空消失，观者几乎无不赞叹他的"神乎其技"。然而大卫并不是神，他能超越其他大多数的表演者，将魔术的境界推向登峰造极的原因其实不难剖析。大卫对于魔术表演一定比别人拥有更大的兴趣、更强烈的使命感和更强大的行动力。因为有这三项要素，大卫自然会规划出一套最严谨的学习计划，也会通过学习不断研发、创新手法，更会锲而不舍地追求表演的熟练与细腻度。

事实上，大卫的成功不仅代表着魔术这个领域的诀窍，遍观社会上的各行各业，无不是如他一般的有才之士在独领风骚。他们成功的诀窍不在于"知道"，而在于积极主动，一步一个脚印地付诸行动。

敢于筑梦是成功者的首要特质。一个成功者不但会热切地梦想成功，而且会毫不犹豫地去追求。成功当然不是一蹴而就的，它是一个连续努力的学习过程。所谓学习，不单指技能，更重要的是心态，要不断地自我充实、自我要求与自我学习。诚如科学家爱迪生所说："成功是百分之一的天才，加上百分之九十九的努力。"

或许你会小看自己，认为成功的这个大梦离你太远，因为你的家世毫不显赫、学历乏善可陈，长相亦平庸无奇……其实，翻开近代历史，过去人们一直认为登陆月球是不可能实现的梦，但美国航天员阿姆斯特朗的一小步，就轻易开启了人类历史的一大步。过去人类认为移植器官、人造器官、复制动物是异想天开之举，然而生化科技的进步，带动基因工程与基因移转技术的进步，让许多原本被认为是异想天开的事，变成了铁一般的事实。

一旦具备了成功的决心，再加上严谨的学习态度，成功便获得了行动力。建议你不妨观察一下身边的成功者，他们在成功路上的所闻、所见，一定多少和魔术大师大卫的心路历程有雷同之处。他们学习再学习、提升再提升，因为他们都知道，想要在开创事业中取得先机，心动不如立刻采取行动。

成功的行动力是一种无坚不摧的力量，它不但能像魔术师一般，把"没有"变成"有"，还可以把"贫穷"变成"富有"，把"愚痴"变成"智慧"，把"迷失"变成"笃定"……

积极主动的心态和行动，让你具备追逐成功的持续的热情。平凡与成功之间的距离可近可远，以你对待生命的态度而定。如果你能找到让自己"尽其才"的方向，挥洒热情、专心一致地去做，并且永远不怕重新学习，始终用不服输的态度追求卓越，有朝一日你必然会成为一位熠熠发光的平凡英雄。你是否相信，虽然自己只是做平凡事的小人物，但也同样可以有大大的出头机会？

根据美国的潜能开发专家罗宾森在其长销著作《让天赋自由》一书中的观点，建议大家扪心自问以下四个关键问题：

（1）天资：什么是我真正的力量所在？

（2）热情：那件事情让我永远充满活力？

（3）态度：你让际遇左右你的生命，还是相信态度创造运气？

（4）机会：如何让我的热情找到实践的管道？

做一件可以让天资充分展现的事情，能够激发你成功的热情。在这个过程当中，你的身体不会感觉到疲累；不知不觉时间好像变短了，好几个小时过去你却感觉不出来，这是因为你的热情让精神进入了"神驰状态"。

"热情"的英文"enthusiasm"是从古老的希腊字"theos"

（神）与"entos"（内心）结合而来，代表"内心的神灵"，说穿了就是一种生命信仰，因为热情的人找寻的是价值、成功。

热情会形成你的态度，而态度决定高度，高度决定姿势，姿势决定气势，气势决定格局，格局又决定最终的结局。诚如英国文学家莎士比亚所说："假使我们把自己比做泥土，那就真要成为别人践踏的东西了！"

在今天这个全球竞争的时代里，想要在事业上获得成功，必得努力培养自己的热情、主动意识：在工作中要勇于承担责任，主动为自己设定工作目标，并不断改进方式和方法。此外，还应当培养推销自己的能力，在客户面前善于表现自己的优点。

事实上，心理学家早已发现"态度决定一切"。一个人每天大约会产生五万个想法，如果拥有积极主动的态度，就能乐观而富有创造力地把这些想法转换成正面的能源和动力；如果态度是消极的，就会显得悲观、软弱，同时也会把这五万个想法变成负面的障碍和阻力。

生命中随处都是机遇，而许多机遇就藏在一个又一个的挫折之中，一旦在挫折面前气馁，便可能会与机遇擦肩而过。所以，积极行动起来吧！请切记，只有积极主动的人，才能在瞬息万变的竞争环境中赢得成功；只有善于展示自己的人才能在工作中获得真正的机会。

鸿海科技集团创办人郭台铭在一次对内部业务人员的演讲中，

要求员工多去思考"如果"，这正是对积极主动的热情态度所写下的最佳注脚。如果你具备积极主动、热情做事的最佳态度，就能看到眼前的机会并且在这种态度影响下采取行动，是凡人也可以变英雄的个中秘密。

把握当下，珍惜拥有

　　1997年，《潜水钟与蝴蝶》出版，这本薄薄一百多页的小书，却意想不到受到了读者的欢迎和喜爱。书的作者是原法国时尚杂志《Elle》的总编辑鲍尚·多明尼克·鲍比。这是一本用心灵写成的书，作者在书中表达了对美好生活的追忆和未竟事业的叹息。

　　鲍比的故事因书的出版而家喻户晓。

　　1995年，鲍比因脑溢血，毫无征兆地突然病倒。

　　他原本是一个人人称羡的社会精英，个性开朗而健谈；他热爱文学、喜欢旅行、享受美食，拥有意气风发的美好人生。中风之后，经过三个星期，他才逐渐醒来，并且知道自己罹患了罕见的"闭锁症候群"（Locked-insyndrome，LIS）。

　　这种病症让一个素来生龙活虎的人，变得意识清醒却全身瘫痪。他无法言语，右耳也失去听力，几乎无法与外界沟通。他唯一能够表达内心想法的方式是运用语言矫正师所发明的"字母沟通法",即由一名纪录者将一个按照法语字母使用频率排列的字母表逐一念出,直到鲍比用唯一能眨动的左眼皮眨一下,示意对方把该字母记下。就这样,一个字母、一个字母拼成单字,再一个单字、一个单字拼成句子,变成了这位总编辑用来与外界沟通的不二管道。

鲍比入院半年便决定开始写作这本书,《潜水钟与蝴蝶》不知是他眨动了多少次左眼皮才慢慢写成的。每天,在出版社的同仁到达医院前,他必须将每个句子都先在脑海中斟酌过数十次,把每一个段落的文句都先背下来。这股心灵的力量是如此令人震撼,而在此过程中,他几乎没有怨言,反倒有种轻松、自嘲的幽默。他坦然面对自己的生命像被"潜水钟"禁锢、形体无法自由活动的事实,不过,他的心灵却如同蝴蝶般自由自在地飞翔。换句话说,肉身的苦痛反而淬炼出了他心灵的智慧。

鲍比中风之后的身躯僵如木石,不再能够享受病发前的一切。书中写实地说出他内心最深沉的呐喊,他期待康复,想念家人、美食……以及自己对文学创作的未竟梦想。

"如今在我看来,我的一生只是一连串的未竟之事",在"被命运处以沉默的重刑",再也无法用肉身挥霍生命之后,他终于开始对生命有所反思。鲍比不幸的命运反而造就了他自省的机会。他开始珍惜这难能可贵的生命和仅有的可以与外界交流的方式——眨动左眼皮。

当不幸发生，鲍比全世界的友人，从拉萨到新德里，从耶路撒冷到翡冷翠，都自愿自发地为他祈福。不过，再多的祈福，千金万金，也难换回"早知道"。《潜水钟与蝴蝶》真人真事的现身说法，固然显示了作者的心灵力量，但真正要告诉每一位读者的人生智慧，恐怕还是"请一定要好好把握当下的生命与光阴，并且珍惜你所拥有的一切"。

让我们直面如今的生活状态，全球市场环境恶劣，经济情势每况愈下，尤其令人心忧的是青壮年龄层失业率大幅攀升，民生痛苦指数超过经济增长率，一般人承受的生活压力由此可见。社会学家开始讨论随之而来的"自杀潮"。学者认为自杀率走高跟人在情感、经济、意外事件的无预警打击，乃至社会的不公平、不确定感日益增强有关。打开电视、翻开报纸，悲惨事件时有发生。

鲍比的故事对于从事营销的我们同样有着深刻的启迪。放眼望去、任耳听闻，几乎每天都有让人悲观失望的坏消息。面对如此的现实，我们理应珍惜这得来不易的成就和财富。那么，我们该如何做才算是珍惜当下呢？

很简单，我们首先要以"人饥己饥，人溺己溺"的同情、同理之心，与社会上的每一分子，尤其是与我们家庭相关的族群朋友一起努力。最重要的，我们要帮助周围的人，切莫将失望的心态变为绝望，因为绝望是无药可救的。

西方的大哲学家尼采曾说："受苦的人没有悲观的权利。"因为，深陷痛苦渊薮的人如果再不自我振奋，就更加找不到离苦得乐的机会。或许你因环境的严酷变迁而诸事不顺，失望的心情满溢，意志愈来愈消沉，显然已走在人生的红绿灯口，不过千万要提起精神，不要让一时的失望情绪转化成犹若绝症的"绝望"。对人生抱持绝望态度的人是在自掘死路，纵然人生十之八九都会在"山重水复疑无路"时，找到"柳暗花明又一村"的出路，他也无缘得遇。

"把握当下，珍惜拥有"说来简单，却往往是失去之后才会收获的心得。如何能够通过别人的经验得到"先知道"的智慧，是我认为鲍比故事的最高价值所在，这样的讯息希望你也接收到了。

其实，我们的意志是充满韧性的，而人类适应环境的能力早经过老祖宗的一再证实，才可能在地球上存活到今天。问题在于，繁华过后的我们是否能甘于平淡地过一段苦日子。

过苦日子很难吗？想想看，那不正是我们的来时路。既然以前可以节衣缩食，面临困境时，为什么不发挥坚毅的韧性，以平常心渡过难关？

失望的情绪乃人之常情，它就像任何其他感受一样，只是暂时的，但切记，绝望的侵蚀性就不同了。目前的处境或许让人不甚满意，不过，过往的一切都值得珍惜，只要不灰心丧志，就找得到生存的希望。现在即美好，谨把这首《珍惜》之歌送给大家。

为什么说，过去的日子好？童年的夕阳美，当初的恋情甜。

为什么说，过去的朋友好？年轻的笑容美，辉煌只有当年。

生命是上苍的厚礼，活着一天就有意义，

最好的时间是现在，最美的地方在这里。

生命是上苍的厚礼，活着一天就有意义。

让每个现在都好，让每个这里都美。

珍惜！珍惜！

第四章

强化服务意识的七大原则

得到他人的关爱是一种幸福，关爱他人更是一种幸福。"赠人玫瑰，手有余香"，当你专注于一个方向，终会比别人走得远些。用心感受，将顾客作为自己的挚友，让用心服务如呼吸般自然。学会珍惜，才能倾心地付出点点滴滴的关怀与爱护。把爱心装进生命的行囊，带着爱心行走在我们的人生之路，当走到生命之路的尽头时，便会发现，这爱心温暖了我们一路，这爱心丰富了我们一生。

将专业做到极致

在人们的眼中，美国的"股票天使"彼得·林奇就是财富的化身，他说的话是所有股民的宝典，他手上的基金是有史以来最赚钱的。

1990年，林奇管理麦哲伦基金已经13年了，就在这短短的13年里，彼得·林奇悄无声息地创造了一个奇迹和神话！麦哲伦基金管理的资产规模由2 000万美元成长至140亿美元，基金持有人超过100万人，成为当时全球资产管理金额最大的基金。麦哲伦的投资绩效也名列第一，13年的年平均复利报酬率达29%，由于资产规模巨大，林奇13年间买过15 000多只股票，其中很多股票还买过多次，赢得了"不管什么股票都喜欢"的名声。

《时代杂志》评他为首席基金经理。他对共同基金的贡献，就像是乔丹之于篮球，邓肯之于现代舞蹈。而让他拥有如此高声誉的根本原因则是在于他对投资的深入研究，从而让他成为专业的投资家。

什么是专业？这个看起来很酷，听起来很响亮的字眼，以往总是和医师、设计师、律师、建筑师等拥有超高知识、技能以及道德观念的职业联系在一起，让一般人误以为这个标准与己无关。进入21世纪之后，日本的趋势专家大前研一却倡言，"拥有专业能力是21世纪全球经济的主要特色，任何一个个人或组织都已无法置身度外。"

大前研一认为，专业与业余的根本性区分在于是否具备"顾客主义"。如果只在职业技巧和知识上打转，却忽视了经济活动中最重要的元素——顾客，那就不具备专业的实力。因为企业需要通过商品与服务来满足消费者的种种"承诺"，并用此承诺来约束自己。

换句话说，一个专业的营运者一定能够建立"承诺顾客，约束自己""以客户利益为优先"的企业价值观。在这样的企业里，无论任何人都必须优先维护客户的利益，严格禁止以自己或公司的利益作为判断的标准。

不知道你有没有认真地思考过，营销行业的成员需要具备哪些专业条件才能够向顾客保证："找我是你最正确的选择，因为我已经准备好了。"

下面有几个简单的标准，可以帮助你了解自己并找到努力的方向：

（1）你是"独当一面"还是"羽翼未丰"？

（2）你是"考虑顾客"还是"考虑自己"？

（3）你是把"事情做完"还是"做得超乎预期"？

（4）你究竟是"专业人士"还是"业余玩家"？

如果有人问我，21世纪，营销事业的伙伴们有什么需要自我鞭策、继续加强的吗？我的期许是，未来唯一的生存之道在于专业，而对于专业态度的培养与坚持，我们所应付诸的努力将永无止境。

在当前我们的事业将进一步落实"营销生活化，生活营销化"的新阶段，克缇的营销伙伴们将直接融入潜力顾客的市场中，而是否能够成功掌握机会则与个人专业的程度和积极进取的心态有关。前者包括以服务客户为中心的预测力、构想力、议论力以及适应矛盾的能力，一旦我们拥有这几种能力，即使面对复杂多变的环境也能发挥出自己的实力；后者包括对这种服务事业的自信、活力、渴望财富、勤勉以及乐于接受挑战等方面的内容。

（1）充分的自信。

信心是一个人取得成就的基石，那些天性积极、乐观，凡事满怀希望的人无论做什么事情都有较高的成功概率。相反，一个对己、对事丧失信心的人不可能有充分的活力与斗志，因而经常陷入失败的恶性循环。

信心永远是成功的先导。有一位成功的企业家一向乐于反馈乡里、帮助他人。一次，媒体访问他"如何赚钱"，他只轻描淡写地说："赚钱很容易呀！"就不再多加诠释。事实上，富人与穷人的差别正在于富人认为赚钱容易，自信富足并愿意帮助他人，因此而广结善缘，做事业越发容易成功。穷人则认为赚钱非常辛苦并认定自己能力不足，结果就如他所料。只是他们选择相信的内容天差地别，也就造成了穷、富两极的结果。

（2）高度的活力。

这份活力既涵盖充足的体能、勇于在人际关系中主动付出光和热的活泼个性，也包括在面对问题与困境时锲而不舍、绝不轻言放弃的精神。

（3）殷切渴望财富的心理。

一个安于现状的人往往缺乏成功的动力。事实上，人类的文明与进步就是出自对物质生活的更高渴望，我们也才能衍生出奋斗不懈的勇气。

（4）勤勉的习惯。

勤能补拙，亦能将一切的不可能转化为可能。成功属于勤者，勤者是勤于鼓励自己达成目标的人，勤勉的习惯无坚不摧、无敌不克。因此有人说，一"勤"天下无难事。

（5）乐于接受挑战。

有人在人际关系中一碰到异议、抗拒与障碍，就不战而败、垂头丧气。成功者则不然，他们会以平常心看待人际关系中的冲突并乐于克服逆境，不甘被此击败。这种心态上的不同，便造就出结果迥然有异的两种命运。

　　总之，身上流淌着专业血液的人，总是会要求自己的工作能够达到登峰造极的水平，并能乐在其中。他们不喜欢不痛不痒、马马虎虎的工作，所以即使只拿到一丁点的报酬，他们仍然会比别人更努力。

　　若用更具时代意义的眼光来看"专业"，目前专业挑战的依然是"看得见的空间"。而在未来，真正的专业要能在荒野中找出道路，在看不见的空间寻找更多的机会。因此，克缇营销人要用以上专业人士的标准衡量自己并勇于挑战自我，以求自身的突破。

　　我认为，一个敢于挑战自我的人不会被困难阻挠，他能把吃苦当作吃补，吃得苦中苦，最后成为社会精英。有句俗话说："人不要怕穷，要穷中立志；也不要怕苦，要苦中进取。"痛苦是上天给我们的锻炼，也是成长过程中必经的磨炼。只要我们像孵化中的小鸟那般奋力冲破蛋壳，必能够冒出头来迎接新生。

　　需要注意的是，在我们为了专业精神而付出努力与坚持时，就算得到一点小成功也不能因此自满。一个自满的人双眼将被尘沙蒙蔽，不仅很难跨越横亘在路中的障碍，更降低了"百尺竿头，更进一步"的可能性。因此，我们要把自满当作自己成功之路上的一大敌人。

　　请记住，我们的目标是以"顾客主义"为中心，在不断挑战自我中提升专业水平，我们要赢得的不只是过程中的一场小战役，而是美满的愿景与未来！

善用骑士精神服务客户

　　一家知名出版社要我为一本新书作序，书名非常有趣，叫做《别和刺猬乱说话：20个让顾客开心买单的关键服务》。刺猬是一种全身长满了刺的动物，除了这一特征外，刺猬的个性也和外表一样是多刺而难以相处的，它们喜欢挑三拣四，态度也比较粗鲁。但这本由沟通专家理查·加拉格所著的书并不是在研究刺猬本身，而是以伊索寓言的模式，请出不同的动物和人类共同担任主角，并通过生动的情景剧揭示为客户服务的小秘诀，每一则故事都能作为现实生活中非常实用的教材。

　　理查·加拉格认为，优质的客户服务由以下几个基本内容组成：给别人良好的第一印象、倾听顾客要说的话、不要与顾客争论或对顾客失礼，以及避免负面期望。乍看之下，这些准则好像都很常见，不过他提醒我们，当人们面临新的挑战、棘手的处境或是心情不好时，往往就会拿出最直觉的人性反应，以至和态度和善、乐于助人的标准举止背道而驰。我们必须了解自己的本能反应，然后再对这些反应加以规划并不断练习。例如，礼貌的招呼问候语、专心聆听不同顾客反复提出的相同问题等。简单地说，这种反应就像是在演戏。只要经过适当的练习，良好的客服态度就会逐渐变成我们待人处世的态度，并自然而然地在与人相处时展现出来。

理查·加拉格的观点让我想起了中世纪的欧洲曾经风行一种以骑士精神为依归的行为准则，即保卫弱者、不可以说谎、尊重他人并能为受委屈的人平反。这些准则非常像是企业的使命宣言或愿景宣言。我们要想与顾客建立一种正面、互信的关系，最好的办法就是履行举止高雅的骑士精神。

在行销的过程中，我们很容易把顾客当成没有血肉、没有表情，总是提出一些烦人需求和问题的一群人。但是，当你以尊重的态度来对待顾客时，你会发现，他们也会变得亲切起来，并乐于帮助你完成工作。人类的社会本来就是多元化的，我们要不时地提醒自己，千万不能将个人的种族、性别、学历、年龄或穿着风格的偏见带进客服工作，在生活中最好也不要存有这些偏见。我们一旦学会尊重顾客和顾客的需要，拥有了与其他人建立良好关系的技巧，不但现在可以创造顾客和自己双赢的局面，连未来的事业和生活也都能获得极大的改善。

好的服务就像一支好的棒球队或是一场优美的音乐会，是需要经过学习和练习的。你学会服务群众的技巧时，就等同是学会了处理人际关系和领导的技巧，这个技巧将对你的人生各方面都带来正面的影响。而除了服务的核心技巧之外，专家认为，人际相处最重要的层面在于尊重别人——像骑士一般尊重别人的需要和感觉。

在我们的事业领域里，客流和物流可以说是相生相长双轨并行的。每一位成功的伙伴都有一套服务客户的独到心得，而独到的心得之间又必有其一脉相承、互相融通之处。这些技巧可以大大改变顾客对我们的感觉以及顾客回应我们的方式。人与人互动的方式是一种艺术，同时也是一种科学——行为心理学。作为一位销售人员，应该如何招呼客户、怎么样说话才能与顾客建立良好的关系，以及在面对麻烦与冲突的时候如何解决问题，这都需要有正确的态度和娴熟的技巧。因此，我们不妨借鉴骑士的交际方式，而你也可以用自己的经验心法与其两相对照，找到让自己人际关系更上一层楼的台阶。

当顾客无礼、刻薄或傲慢时，我们切不可用相同的态度去做回应。如果你像风度翩翩的骑士一般以适宜的说话技巧，让顾客觉得他的需要、他的想法受到你的重视，那么他原本充满敌意的态度通常会很快软化，变得愿意配合你并让你轻松达到目标。

用骑士精神服务客户要求我们摒弃自己对客户的成见，以友爱的态度面对所有人。其蕴含的道理与东方佛学的"成见不空"是一致的。在佛光山星云大师编写的《星云禅话》第一集中，有一则故事令我感受颇深，在此特别摘录下来与所有的克缇人共勉。

有位学者特至南隐禅师处请示什么叫做"禅"。南隐禅师以茶水招待，在茶倒满杯子时并未停止，仍又继续注入。眼看茶水不停地往外溢，学者实在忍不住，就说道："禅师！茶已经满出来了，不要再倒了。"

"你就像这只杯子一样！"南隐禅师说："你心中满是学者的看法与想法，如不事先将自己心中的杯子空掉，叫我如何对你说禅呢？"

从南隐禅师与学者之间的对话，我们已很清楚摒弃成见的重要性。对我们的事业而言，"成见不空"的禅话是一个很好的借鉴。希望克缇的伙伴能时时提醒自己捐弃以往对客户和事物的成见，以便吸收我们事业的新知识与新观念。

骑士精神的另一个体现就是尊重他人。销售就是以顾客为上帝，为顾客提供优质的服务，并向其传递我们的关爱的事业。我们克缇是一个传递健康、美丽与财富的事业，当我们尊重顾客并用心聆听顾客的需要，以同步的频率进入对方的灵魂领域时，我们才能真正把美好的事物传达给顾客。这样一传十、十传百，赞同我们的顾客会愈来愈多，我们自己自然也会像骑士一样受到顾客的信任乃至敬仰。

另外，我们还要善用客户服务的技巧，例如记住顾客的名字、了解他们的喜好、认识顾客的亲友，以及感谢顾客光临等。这些技巧都可以帮助我们建立良好的顾客关系，进而提升业绩。即使在遇到麻烦的情况下，如果我们能秉持着责任与担当的"骑士心态"为顾客着想，而不是处处站在自己的立场去辩解，常常能将危机顺利化解。

其实，"骑士精神"一直存在于我们的社会中，只要你肯花些时间去学习并和同事一起付诸行动，那么你的事业前途必然不可限量。

顾客乃心之所属

　　乔·吉拉德是全世界最会贩卖汽车的推销天王。他在1976年一年之内就卖出了1425部汽车，因此被列入吉尼斯世界纪录。事实上，这位全世界最伟大的销售员曾经连续12年荣登世界纪录中销售第一的宝座——平均每天卖出6辆车，而他所保持的世界汽车销售纪录至今仍无人能打破。为了分享他的宝贵经验，各大跨国企业纷纷邀请他演讲，已有数以万计的人被他成功的事迹所激励。

　　不过，这位销售天王在35岁以前的职业生涯却是非常失败的。他患有严重的口吃，更换过40个工作仍然一事无成。他甚至曾经沦为小偷、开过赌场。然而，像这样一个任谁都不看好，背了满身债务、几乎走投无路的人，竟然能在短短3年之内实现了绝地大反攻，荣登世界上最伟大推销员的宝座，他究竟是如何做到的呢？

　　原来，乔·吉拉德成功的秘诀就在善于运用顾客的连锁反应。他的业绩中约有六成来自于老顾客，以及老客户所介绍的新顾客。

他不但能让老顾客重复购买，老顾客还能主动为他介绍新客户上门。乔·吉拉德在尝到连锁介绍的惊人威力后，得出一个简洁有力的结论：在任何情况下都不能得罪顾客，也就是说，对待每一个客户都应当全力以赴。乔·吉拉德说："如果你想把东西卖给他，就应该尽力去搜集他和你的生意相关的情报。如果你每天都肯花一点时间了解自己的顾客，做好准备、铺平道路，就不愁没有客户。"

乔·吉拉德非常自信，凡是跟他买过汽车的顾客都会像猎犬般帮他找来新的客户。他还有一句名言："我相信真正的推销活动开始于成交之后。"推销是一个连续的过程，成交既是本次推销活动的结束，也是下次营销活动的开始。推销员在成交之后继续关心顾客，既会赢得老顾客，又能吸引新顾客，生意愈做愈大，客户也就源源不绝。乔·吉拉德在和顾客成交之后从不把他们抛诸脑后，而是继续适时表达关心。正因他真心关爱自己的顾客，顾客才会把他推向了销售天王的宝座。

乔·吉拉德的成功是因为他在全心全意地与顾客建立感情联系，他没有忽略任何一个潜在顾客。

在现代社会中，人与人之间的沟通讲究快速、高效，尤其是在销售行业，我们与客户交谈的几分钟内，如果没有向客户充分展示我们的热情，就会不经意间失掉这笔生意。所以，克缇人首先要学会端正态度，认真对待每一位客户。

因此，我们要时时注意控制自己的情绪，不能因为顾客的刁难或自己的好恶而怠慢了顾客，更不能轻易忽视任何一位客户。另外，不论业务员推销的是什么，最有效的讯息莫过于让顾客真心相信你关心他、喜欢他。一旦顾客对销售人员抱有好感，成交的机会就会大大增加。

在销售行业有一个著名的"250定律"，即从每个人一生中会参与的婚丧喜庆、宗教活动等社交范围去衡量，一位顾客的背后大约都站着250位关系亲近的亲戚、朋友、同事和邻居。换句话说，销售的态度是足以造就连锁反应的。一位对你的服务满意的顾客，极可能会给你带来250位潜在客户；一位不满意的顾客则会给你制造250位潜在的敌人。因此，你只要不经意地赶走了一位顾客就等于赶走了潜在的250位顾客。

每一位营销人员都应设法让更多人知道自己的业务内容。这样，当他们有需要时就会想到自己。因此，营销人员要不吝于向每一个人推销。比如，乔·吉拉德使用名片的做法就与众不同。在餐厅用餐后结账时，他会把名片夹在账单里；在运动场上，他甚至把大把大把的名片洒向空中，名片就像雪花一样飘散在运动场的每一个角落。这种看似奇怪的做法，的确帮助他成就了一笔又一笔的生意，因为人们往往不会忘记这种非比寻常的举动。

将顾客放在心上的业务员会对自己客户的情况了如指掌。他们像一台具有录音机和计算机功能的机器一般，能够记下有关顾客和潜在顾客的所有资料：他们的家庭和健康状况、职务、嗜好、成就、旅行过的地方等，这些信息都能变成相当有用的推销情报，根据这些材料，营销人员就能判断出客户喜欢什么、不喜欢什么，由此可以与客户找到共同语言，拉近彼此的关系。只要能让顾客在聊天中感到快意舒畅，自己的生意就不愁谈不成了。

国际知名的营销顾问陈文敏在与极欲提振市场竞争力的业者晤谈时，说出一句名言"教导你的员工穿上顾客的鞋子"。现在，这句话已在服务业广为流传。为什么"穿顾客的鞋子"可以强化市场竞争力呢？

因为在思想上愿意放下自我观念的人，一定能站在对方的立场思考问题，也具备同理心、懂得体贴他人，并且不会过分自我。这样的特质正是职场上增进人际关系的绝佳润滑剂。有趣的是，虽然"穿顾客的鞋子"的口诀早已公之于世，但人们常常是听到却做不到。

"不轻易忽视每一位顾客！"这需要我们改变自己的态度。首先，我们要对每一个顾客都表现出热情。简单地说，具有热情的态度不仅是"做完了"，还要"做到最好"。这就要求我们设身处地为顾客着想，让我们的服务超出顾客的预期以得到顾客的好感。

一位资深经理人说，"如果你只是接电话，告诉客户你不知道、没办法；如果你开订单后既不联络也不追踪客户，发现问题既不汇报也不处理；如果你只是打报表而不核查数字的正确性；如果你只是接电话，从未希望客户有满意的感觉、从未期待客户多订一些货；如果你只认为自己是助理，从未想过自己的一言一行代表的是业务、主管、老板、公司，那么，你不够格做一个称职的助理，你的工作任何人都可以取代。"由此可见，我们只有改变自己的态度并将每一位顾客都放到心中，才能发挥更大的主观能动性，才能关注到更多顾客的需求。

懂得用心，顾客才能归心

在不景气的年代，成功的业务员中不乏菜鸟熬出头的实例。一位因在2009年夏季每天卖出一辆汽车而登上汽车业销售金奖宝座的战将，形容自己练就"打断脚骨颠倒勇"（摔断腿骨反倒更加猛）才能实现蜕变达到卓越，但评审却一致推崇她"对客户数十年如一日的服务热忱，堪为业界表率"。

"帮客户拉车回厂保养并不难，但她对一辆50万元（新台币）的台产车客户一样能够持续服务长达12年，这样的工作态度、毅力和热忱才是她能在小池塘闯出超人业绩的致胜关键。"一位评审客观分析。

这位女性对客户的持续服务也是她获利的来源。一般业务员总是花费八成以上的时间和客户周旋、杀价，但她却倒过来，花八成的时间服务老客户。表面看来她的投资报酬率甚低，其实不然。老客户成为她长期保持高成交量的捷径，经年下来，她几乎完全不必做陌生拜访，八成新车成交都来自旧客户换车与对她良好的口碑介绍。换句话说，这位超级业务员认为签下订单既是服务的开始，同时也是滚动获利的起点。

她看长不看短，更重要的是她还愿意弯腰，乐意赚看似麻烦的小钱，殊不知，小钱背后即潜藏着大钱。例如，客户习惯她的服务后，换车时会委托她来处理中古车（二手车），让买卖双方都很满意，其中的佣金便很可观。

可见，对于业务员而言，订单的多少不是关键，重点在于能否深植人脉，并保持对客户的热忱服务。比如上文事例中的业务员，她的绝招就是对客户的需求有百分之百的贴心关照与回应。因为她无怨无悔地对顾客掏心，顾客也就义无反顾地慷慨解囊，即使在通货紧缩的年代依然以高消费来回馈她的热忱服务。

对于营销人员来说，要做到对客户掏心，需要自己先有一颗感恩的心。一个懂得感恩的人通常都会比较谦虚，待人不狂妄，对己不骄纵；而所谓懂得感恩不只是对他人乐于反馈，更会因此体验到丰富而多元的感情交流。换句话说，如果你具有这样的特质，你的人际关系和人生境界往往会不断地提升；你会尊重身边的每一个人，肯定每一个角色不同的贡献，同时你也会赢得他们的尊重和信赖。

"六大信条"也揭示了同样的真理：扶助值得帮助的亲朋，您就会有福气；敬爱家人朋友，也必得人尊重；把喜悦与人分享，喜悦也必会更加丰盛；奉献爱心不求反馈的人，永不缺欠。

回顾每一个不景气寒冬中克缇的逆势成长，感恩与分享都曾带给我们很多正面效应，因此我们非常肯定感恩与分享是营销人的行囊中最有力量的法宝。这世界上的每一个人无一不希望自己在别人心目中是重要且有价值的，如果我们能先一步满足对方的这种心情，对方势必更会以爱、尊重与关心来回报我们。换而言之，对于营销人员来说，只有对顾客掏心才能让顾客愿意掏"费"。

懂得用心的业务员还会注重积累人脉。人脉愈广，个人交易的资本额就愈大，所能产生的营收与获利也就愈高。因此，建立信赖与人脉，在某种意义上比赚钱更重要。

费德文是举世公认最杰出、被吉尼斯世界纪录誉为"历史上最伟大的保险推销员"。他一生卖出了超过10亿美元的寿险保单，且都是在方圆40英里（1英里≈1.6千米）、人口只有1.7万人的家乡小镇中完成的，可见优秀业务员是不会受到经营区域限制的。

再看获得房地产业"超级业务员"大奖的赖宗利。他既没有出色的外表，也没有流利、清晰的口才，却连续5年拿下桃园南崁房地产业个人成交金额的冠军。赖宗利只有高职学历，担任大楼的保全人员十几年，月收入两三万元台币。38岁时，他因抚养两个孩子的经济压力而转入房地产业。中年转业要想成功谈何容易，他却在一年内就登上了区域销售冠军的宝座，月收入也提高了6倍。

在桃园竞争最激烈的上南崁战区的两万人口中，赖宗利认识的人超过一半，其中至少有1/10的人曾经通过他买卖房子。走在当地的路上，随时可见赖宗利与居民打招呼并亲切喊出对方的名字。

他对人名和电话有超强的记忆力，这个能力一方面是与生俱来的，另一方面要得益于他的日常训练。赖宗利当保全人员的时候，纵使人微言轻，他仍渴望得到客户的感谢和肯定，哪怕只是得到一个会心的微笑也很满足。微笑无价，并不会让存款多一个零，但他却乐此不疲。当他发现每当自己喊出客户的名字都能得到正面反馈时，他就更努力地记住每一个人。他说："让一个人满意，可能影响到26~32个人；如果我得罪了一个客人，也会让26~32个人不向我买房子。"因此，他遇到没有把握的案子时还会往外推，就怕因为一次失败的交易影响到日后的人脉。

正是因为这些超级顶尖的业务员用心拓展自己的人脉，并对每个客户将心比心，他们才取得了卓越的成就。我们的事业是一个属于人的事业，我们必须积极面对人、了解人、服务人、联络人。通过不断历练，有心人终究能够广结善缘，修得正果。

对客户掏心还需要我们有同理心。人际关系中什么才是应对万千变化的法宝呢？我认为，能够让我们在各种复杂的人际关系网里抽丝剥茧、无往不利的，是人的智慧中至为宝贵的同情心和同理心。每一个人都希望被人尊重、受人肯定，因此在互动的过程中，请千万牢记不要让他人丧了尊严、失了面子。无论局势如何有利于自己，都不要将对方赶尽杀绝，而应该为对方留些余地。因为心量愈大的人福报一定也愈大，懂得给别人留转圜余地的人必会在日后受到相同的待遇。

和同情心有如双生兄弟的同理心，是一种设身处地为他人着想的能力。通常我们的眼睛总是看到别人的缺点，发现他人的问题。不过，具有同理心的人在将要批评别人时，往往会先想想自己是否完美无缺，也就是禅宗六祖慧能所说的"若见他人非，自非却是左"。因此，即便我们在与他人发生争执时站在有理的这一边，也要学会自我节制，展现出得理而能饶人、理直却能气和的气度。

当一个人拥有易地而处的同理心时，我可以说他的发展格局一定能超越凡夫俗子并具备担当领袖的条件。对这样的领导人才而言，他的言谈已臻于艺术的境地。他们知道日常生活中，应该少说抱怨的话，多说宽容的话；少说讽刺的话，多说尊重的话；少说拒绝的话，多说关怀的话；少说命令的话，多说商量的话；少说批评的话，多说鼓励的话……

假如我们有这么一位既能将心比心地尊重和肯定我们，又能易地而处地体谅、关怀我们的朋友，我们必定会视他为知己、尊他如伯乐。若是他有任何需求，我们也会义无反顾地为他两肋插刀，把他的事情当成自己的事情去办。因此，具有同情心与同理心的人将是这个世界上拥有最多真诚的好朋友、最有人缘与福分的人。人缘就是资产，它像一把能够打开成功之门的钥匙，只要你启用，它的功效必然逐步展现。

最后，我再赠送可帮助大家广结善缘的五大箴言，希望大家都能铭记在心。

（1）我怎样对待别人，别人就怎样对待我。

（2）只有将心比心，才会被人理解。

（3）要学会以别人的角度来看问题，并据此改进自己在他人眼中的形象。

（4）只能改变自己，不能修正别人。

（5）真情流露的人，才能得到真情回报。

利他之人，必为赢家

在新竹市西大路上，早年有一座供奉上清正一龙虎玄坛金龙如意飞虎金轮执法元帅赵天君的庙宇——安南宫。安南宫兴建于清咸丰六年（1856），人称"赵大人庙"，据说日本殖民统治时期，它仍只是间斗大的小庙，那时人们的生活条件很差，也不知谁替这间小庙设计了一套制度，使赵大人庙在短短几年之中便翻盖成了一座威风的大庙。这个约定俗成的制度是什么呢？

每逢端午，赵大人的诞辰日，庙方便在庙前摆设一个一斤重的红龟粿，供川流不息的善男信女来祈求。大家都风闻，凡是求到的人便会万事顺利，求财得财、求名得名。当时环境困苦，拥有财富、名位几乎是每一个人的梦想，因此乡里之间趋之若鹜。

人们求红龟粿也有一个心照不宣的潜规矩，即假若今年求一斤，明年便得还上二斤。当时正值童年的我常在庙前玩耍嬉戏，亲眼见到一个一斤重的红龟粿如何连本带息地滚成一百多斤的巨粿，而所花的时间不过短短数个寒暑。也就在屈指可数的岁月中，赵大人庙前就摆满了一百多斤重的巨粿，可观的是红龟粿的斤两每年都还在成倍数大幅成长。

由于信众反馈的红龟粿实在太多了，庙方决定以折现的方式收纳愈做愈大的红龟粿，并将信徒捐献的现金翻修庙宇。与此同时，也有信众不安地质疑："如果有人今年求得红龟粿，明年故意不来还，或者是搬家忘记来，或者因为什么原因不能来，那么，赵大人庙的红龟粿不就愈来愈少了吗？"

所幸，绝大多数的信众都持乐观而肯定的态度，庙方收得的现金及红龟粿不但未曾减少反而与日俱增，这也使得赵大人庙顺理成章地由小庙变成了大庙。

在上面的故事中，赵大人庙之所以由小变大，就是因为庙方成功地运用了双赢的观念，先让人们在赵大人的庇佑下平安、得福，并有可口的红龟粿得以享用，再为庙宇赢得丰厚的反馈。数十年后，我踏入营销的领域时才真正透彻地解读出这一秘诀。希望每一位读到这个故事的伙伴都能跟我一样，不仅嗅到红龟粿的清香美味，也能读出双赢的营销策略。

一个人要想成功，自己的能力高低固然重要，但别人的帮助也是必不可少的。人力资源是世界上最丰富的资源，一个成功的人必然拥有很多朋友。一件事若想办得完美必须具备和睦的人际关系。毕竟事情的重要性是由人来决定，事的准确性是由人来判断，所以与人和睦相处就能够事半功倍。因此，每个人都应谨慎处理好与周遭人们的关系。

互助，是人际间最平凡的一环。但是随着社会变迁，人心变得自私，普遍存在"只要我富有，其他人贫穷也无妨"的错误观念。在我们的事业里，假如只有你一人成功而大家都失败，这种滋味就好像关着门独自喝米酒，感觉会很不好受。我们必须了解到别人的重要性，彼此相互帮助，时常心怀感激才可能获得最高的成就。

全球70亿人口都想改善自己的精神和物质生活，有的人会用尽各种方法甚至不择手段从别人身上获得利益，造成人与人的残酷竞争。一个人要想成就一番事业，首先要乐于对周边的人伸出援手。别人因此而尊敬你时，这份事业就会像辐射圈一般产生极大的威力，由内至外一圈一圈慢慢地扩散，最后形成一朵灿烂夺目的云彩。我们事业的扩展也是从点到线再到面，最终交出一张漂亮的成绩单。

这就像以往的农村社会时代，村与村、人与人的互动关系是一个最好的印证。譬如，今天我要种田，整村人都赶来帮助，轮到明天别人要播种时，我再去帮忙。团队精神创造了全村的财富。如果你期望别人来帮你种田，但你却不愿先伸出援手去帮助别人耕耘，那么你将永远不会如愿。相对地，如果我们向别人伸出了援手，当我们要播种时必会有更多的人前来帮忙。因此，"自扫门前雪"是一种极自私的做法，这等于封闭了自己，此人的成功机率微乎其微。我们应以中国固有的文化传统做准则：先去关爱、照顾别人，日后才会有更多的人来帮助我们，以达到最终的双赢。

在处理人际关系的问题上，个人的成长也会影响到他人。我认识你，我自然有责任来帮助你，如果用这种心来待人就容易成功。之后，我们再集合众人的力量去帮助少数人度过生活的危机。我们也应用此心态去帮助一小部分人获得事业成功；这一小部分人又去帮助更多的人，这种精神一再扩张的结果就是，我们的事业规模发展遍及全球。

想要拥有双赢和睦的人际关系，还要学会说好话。相信每一个人都曾亲身感受过，当对方口吐莲花，说的尽是体贴、关怀、赞叹和感谢的话语时，语言所散发的融合力量是何其之大，而好话所能结下的善缘又是何其不可思议。相反，人与人之间的隔阂、疏离与仇恨，往往也是因为出言不慎所造成的。因此，我们要多说一些能够给别人带来正面、激励作用的好话。

需要注意的是，会说好话的人多能广结善缘。不过，人们的眼睛是雪亮的，如果有人说好话只是华而不实，或者说一套做一套，他很快便会遭到唾弃。因此，我们要尊重自己，用言语表达心声，用行动实践言语。只有我们的话切合实际才能成为人际关系的润滑剂，也才能成为我们人格完美的表现。

所有的人际关系专家大概都会告诉我们，不批评、不指责、不抱怨，是让听话的人打开双耳的不二法门。当对方愿意聆听时，唯有从对方的立场出发、为对方的利益考虑，才能让对方不仅打开双耳，更能敞开心扉，用心体会、用眼传神，达成最完美的交流与沟通。

事实上，"从对方的立场出发、为听者的利益考量"所揭示的已然远远超出说话技巧的范畴。它所代表的是一种不自私的心量，怀有这种胸襟的人心里所关切的经常是如何"利他"。虽然他考虑别人优于自己，但奇妙的是反馈的美果自会从天而降。换句话说，一个懂得"利他"的人，往往最终会是人际关系的大赢家。

心念是打破僵局的钥匙

易卜生是挪威著名的剧作家，他惯于把自己的竞争对手——瑞典剧作家斯特林堡的画像放在书桌上，一边写作一边看画像从而激励自己。易卜生说："他是我的死对头，但我不去伤害他，反而把他放在身旁，让他看着我写作。"

据说，易卜生就是在竞争对手的目光日复一日地关注下，才完成了多部世界戏剧的经典之作。善于面对敌人和处理僵局是易卜生成功的关键。

你时常和家人或亲朋闹别扭吗？当你与伙伴共事的时候，是否会因种种原因而出现僵局呢？

人与人在相处的过程中，形成误会与僵局的确是在所难免的。有人会因一些微不足道的小事情就造成尴尬的场面，甚至愈闹愈僵，最终一发不可收拾。还有的人面对僵局时总想逃避，甚至在看到出殡的行列时会想，"假如躺在那里的人是我该有多好！死了，一了百了！"这种丧志的心态只会使之加速失败。那么，僵局与死结是否注定和无奈与绝望画上等号？

答案是否定的。因为世间的一切现象都是唯心所现，你对一件事情的观念如何，事情便会呈现出如你所想的面貌。换句话说，如果你相信世上没有超越不了的障碍，你的人生旅途就不容易显现出令人烦恼丛生的僵局；如果你相信人生不如意事必十之八九，你的生活中阴天自然会比晴空多出数倍。如果你想做一个成功的人，就不要害怕接受压力；相反，你要去迎接压力，并接受成功者的指导。因此，在面对僵局时，我们应该时常想到巧匠对于再难开的锁也能解得开；妙手之所至，再难琢磨的玉石也能被雕琢成良好的器皿。一个真正有智慧的人，面对再难化解的僵局也能够轻而易举地打开困境。

僵局是由人的不同观念造成的，当然也可以用观念来化解。尤其是经营人的事业，面对人类观念与态度的困境更需磨炼出冲出重围的智慧，才能使这份事业长长久久，进而实现永续经营。

那么，破解僵局的智慧与关键究竟在哪里？下面的观念值得大家参考：

当一个人处在某种僵局之中时，保持良好的心态是非常重要的。孟子早已有言在先，"天将降大任于斯人也，必先苦其心志、劳其筋骨"。倘若我们能把外在环境的改变都视为强化自己适应力的机会，随着能力的不断增强，你距离成功的彼岸自然就愈来愈近了，届时僵局也会不攻自破。而耐力与毅力也正是古往今来任何一位成功者所不可或缺的重要元素。所谓"滴水穿石""天下无难事，只怕有心人"说的就是这一点，成功的果实总是属于坚持到最后一分钟的守候者。

有了良好的心态，还要善于从僵局中找出路。比如，当挫折和伤害来临时要赶紧调整自己的心态和观念，并仔细思量这件事对自己到底有什么价值，对人生会有什么样的帮助，借此培养自己积极看待事物的思考习惯。

除此之外，要想让自己不陷入僵局，就要不断地应变、创新，不留恋过去的成功。因为经验虽然可以学习，但也有束缚人的一面。一般人大都习惯凭着过去的常识去思考、看待事情，可是世间的事情都不是一成不变的，如果我们只运用以往经验去评判事情，一定有很多东西无法得出正确的结论，所以未必会成功。

如果环境变化，发现过去的经验不适用时不及时修正，就会被淘汰或者陷入僵局。我们只有毫不犹豫地面对变化进行改变，才是上策。这是一个"半年、一年之后整个社会变成什么样子，只有上帝才知道"的时代，无论股价、汇率、天气如何都是一样。因此，在这个充满变化的时代，为了不让自己陷入僵局，就要先练就一身随时都能适应变化的体质。

在现今社会中，是成是败取决于你能精确掌握局势变化到什么程度。就像是打高尔夫球，需要逆风挥杆的时候，很多人都会觉得

"真是倒霉"，因为当下很难预料球会飞向何方，球杆非要击到最佳击球的那个"甜蜜点"，才能交出一张漂亮的成绩单。这时，平常练习的实力就会直接展现在击球的结果上。换句话说，将逆风的情势反过来当成一个机会，是成功者必须具备的态度。

"创业不易，守成惟艰"说明的是成功的局面之难以持久，似乎就像自然现象中的"人有悲欢离合，月有阴晴圆缺，此事古难全"。不过，在人类的文明史中记载着许许多多"人定胜天"的实例，意味着我们只要不断地提升意志力与品格操守，天下的难事最终都能被化为绕指柔。以下几个打破僵局的方法供大家分享：

（1）凡是僵局出现时，应以低姿态来缓和局势，切忌抬高架势、盛气凌人，以免局面愈闹愈僵。

（2）一旦产生僵局，最好能以君子之风先行认错道歉。懂得自我反省的人往往不会是输家，反倒是强词夺理的人会增加别人内心的鄙视。

（3）因意见不合造成僵局时，不妨先赞美对方；如果让他感受到你的善意，僵局也就不难解开了。

（4）发生僵局的起因大都是双方斤斤计较利害得失；如能适时地退让，则必然峰回路转，柳暗花明。

（5）笑容、亲切、风度与礼貌都是解开僵局的不二法门，所谓"举拳不打笑脸人，恶口不骂赞美者"说的就是这个意思。一旦春风徐来，寒冰还能不破解吗？

（6）如果知道对方对我们心存芥蒂，不妨请他信赖的好友从中疏解，或是有意无意之间，尽量在其背后说好话、盛赞其人，若由第三者不经意地转述入对方耳中，很可能会收到破冰的效果。

登高必自卑，行远必自迩。上面提到的一些解决僵局的方法看似简单，如果我们能切实笃行，必有无坚不摧、无敌不克的效果。综合世间的所有问题与困顿，几乎无一不是由人而起，由人与人之间互动的僵局而生。因此，下面的智慧之语不仅要与克缇人分享，也要与期望自我提升的人士共勉：

讲话要含蓄，切忌太露；

态度要委婉，切忌太直；

处世要圆融，切忌太硬；

做人要深厚，切忌太苛。

为顾客创造价值

　　林肯年轻时曾和人合伙开店。有一天，店里来了一位女士，买了东西后付钱走人。当晚，他结账时发现多了六分钱，原来是这位女士多付了。钱的数目并不大，而且林肯也不是故意要找错的，但他还是在泥泞的道路上跋涉了三公里来到了这位女士的家。女士开门后惊讶地问道："你干嘛大老远跑来这里？"

　　"我发现我找错了钱，这里有六分钱是要还给你的。"林肯微笑地答道。

　　很快，这个故事便在乡间传播开，林肯便被戴上了诚实的美冠。

　　林肯是少数成为政治人物后还能被认为具有诚实这项美德的人，他在世时就拥有"诚实的亚伯拉罕"称号。林肯不断提升自己的品格与操守，也因此得到了民众的信赖。

　　不知道你有没有思量过，你给同僚的印象是什么？给亲朋好友的印象又是什么？这些印象会影响你的发展前途，因此我们有必要认识一下"个人品牌印象"形成的几大元素。简单地说，个人品牌印象是内在修为＋外在表现＋营销策略的结果，具体说来则可包括以下八点：

（1）适宜的外表：无关个人美丑，是指你的服装、发型、鞋子、配饰是否得体。

（2）表达能力：是指你与人交谈时，会不会使用对方可以理解的语言，让别人百分之百地理解你的意思。

（3）礼仪应对：你的语言与肢体动作是否有礼貌，行为举止是否令人喜欢。

（4）专业能力：无关你的学历有多高，而是你真的能应用在业务里具有价值的专业能力。

（5）热情：对人、事、物都抱着正面的态度，对工作认真、执着，努力不懈。

（6）解决问题的能力：无论是公司或朋友的问题，你都会找出问题的原因，并能够及时地解决。

（7）沟通协调：能注意到人际关系与团队协作的重要性，有很好的沟通能力。即使碰到问题，也能先与对方尽力沟通。

（8）情绪管理：面对挫折或挑战时能冷静处理，而不让情绪影响自己的判断或表现。

了解了品牌印象的内涵之后，接下来你要为自己定位，要能从顾客的角度看自己。因为你的个人品牌的好坏由顾客说了算而不是你自己。有些品牌之所以成功，关键在于它可以为顾客创造价值。以我们这个事业的工作环境来说，用最值得信赖的态度充分满足顾客的需求并为他们创造价值，就是打造自我品牌的不二法门。

　　"个人品牌"是别人对我们的既定印象，它存在于生活中的每一个关键时刻。例如，顾客进门之后生意会不会成交？顾客对你能否有非你不可的忠诚度？重要职位出现空缺时，你是不是众望所归的人选？年终，你的考绩和分红能够有多好……凡此种种问题，答案即见分晓。所以，你的品牌会决定你的成功之路，你的品牌价值也会等于你在公司与顾客心目中的价值。

　　事实上，"克丽缇娜"早已是市场上知名的品牌。在这个阶段提醒大家打造个人品牌，必能在相辅相成的优势下让克缇人事半功倍，既赢了面子，又得了里子。

　　我们这个事业自创立至今，一向以"做自己的主人"为目标，吸引有创业精神者加入这个大家庭。代表主力产品品牌的"克丽缇娜"招牌，已被数千家经销商高挂在台湾和内地各个城市的大街小巷。但在信息瞬息万变、社会环境高度讲求创新的21世纪，我要问问每一位为"做自己主人"而来的事业伙伴，你是否知道，除了你所销售的"克丽缇娜"系列产品之外，你本身也是一个不断创造价值的个人品牌吗？

其实，有一些金融服务产业的销售人员早已在自己递给客户的名片上并陈公司名号以及个人照片。这意味着他所销售的不只是那个众所周知的大企业，还有他个人的专业、服务、品德等。因此，经营"个人品牌"已是生活在行销导向的21世纪里的每一个人所必须认真面对的大趋势。

根据我的观察，凡是能用诚实、正直、负责的心态累积自我形象的人，必然能日渐成为商场上的金字招牌。在展现高尚的品德之余，如果还能再提供让顾客获得更多价值的"非常服务"，顾客一定会忠贞不贰地跟随回报他。

我一向相信，在人生的旅程中发生在成功者身边的故事最值得我们学习和品味，同时我们也最容易从中汲取到宝贵的经验和教训。凡经得起时空考验的成功者，都具有值得让人学习的道德与修养。因此，成功绝不能靠侥幸，成功靠的是日积月累的自我修炼，而持续的修炼本身就是一种吸引力十足的领袖特质。

同样，我们要想打造让客户信赖的品牌，就要培养自己的信誉。古往今来高尚的品格有很多，尤其以信守承诺、说一不二最为重要。同时，在团队合作中信任感能使人们心手相连，共同突破重重困难，抵达成功的彼岸。

提升做事的热情同样有助于打造我们自己的品牌。如果你愿意培养自己的热情和热忱心，你将会变得更加自信，更能从容不迫地面对当前的一切，能更好地为顾客创造价值。麦克阿瑟将军在南太平洋指挥盟军时，曾把这样的一段座右铭挂在他的办公室里：

你有信仰就年轻，疑惑就年老；

有自信就年轻，畏惧就衰老；

有希望就年轻，绝望就年老；

岁月刻蚀的不过是你的皮肤。

但如果失去了热情，你的灵魂就不再年轻。

麦克阿瑟的座右铭，是对热情和热忱的最佳礼赞，也是其个人形象的最佳写照，希望他的座右铭也能成为激励我们以更高的热情服务顾客的动力。

第五章

"一粒麦子缔造一个王国"

　　生命本身就是一场花开花谢。含苞时的酝酿，绽放时的激情，枯萎时的沉淀，不只是生命的过程，其蕴含的精神更可以不朽，物质虽已不复，精神的余香却绕梁不绝。分享和传承让每个人都能得到生命的精华，同时让自己的生命再伸展，并且真正体会到"把一生的成就散播至无限宽广"的乐趣。我们这个事业犹如麦子结出麦穗。从两三粒开始，生长到百粒、千粒、万粒……最后成为一片麦田，而麦子的精神正是我们这个事业的精神。一粒麦子掉在地里会长成一整丛的麦穗，一粒麦子可以缔造一个王国！

新时代，新营销

　　针对目前"少子化""高龄化"与"网络化"的趋势，全球趋势大师大前研一博士站在环顾世界的制高点上，率先揭示了消费市场未来的新金矿——"一个人的新经济"。

　　据统计，台湾平均每户家庭人口数在20年内减少了将近3成。同时间，由1~2人组成的"迷你家庭"人口数占台湾总人口的比重增加了50％以上。这显示目前全台湾约有800万人是处于单身或两人家庭的"类单身"生活状态。如果再加上离开家乡的工作者、出外就读的学生、不时出差的商务族群……"类单身"族的比例势必更高。

　　此外，"不婚"和"不生"的社会风气也加速了台湾社会往"单身化"偏移的趋势。过去10年，台湾人的结婚率一直呈下降趋势；更有调查发现，25~44岁的单身适婚女性中竟有多达18.5％的人打算终身不婚。这说明了，在"一个人的新经济"时代，结婚生子并非既定的人生路径，传统的"五子登科"（妻子、孩子、车子、金子、房子）的观念也并非是每一个人的人生追求。

这样的现象对于消费市场究竟有何影响呢？"迷你家庭"成为主流，不仅代表每户的购买量下降，忙碌的生活形态，更会缩短消费者的选购时间，大家购物的耐心也会愈来愈减少。

21世纪以来，科技的进步和世界人口结构的明显变化，逐步造就了不同的消费形态与生活模式。同时，席卷全球的通货膨胀影响了人们的消费行为。不过，谁能掌握变动的先机，谁就会成为通胀时代的赢家。

21世纪的这种新社会现象，《远见》杂志即率先宣告，从性别、年龄、职业和收入去锁定主要消费族群的时代已经过去，如今消费者的面貌正随着多元化社会、多元化的价值观和生活形态的变化而发生重大变革。更明确地说，消费者正进行着一场全面性的混沌运动。

如今的社会中，普通人也有消费奢侈品的欲望、老人有变年轻的能力、男人想要扮演女人的角色、单身的人也可以组成家庭、家庭正在解构、虚拟和实体的世界愈来愈接近……这些被称为"混沌消费者"的现象，也是营销研究领域开创的新名词。其背景是个人意识抬头，消费者坚决想做自己，不想从众，但有时又想要当别人，变成不是他自己，因此产生了许多"不该拥有，却想要拥有"的状况。这种新的时代特征主要体现在以下几点：

新族群：

"核心家庭"愈来愈少，家庭结构的主流将移转至"一个人的家庭"。"一个人的消费"有两个特点：一是没有中间地带，二是一样米养百样人。

新通路：

为满足"再贵也要爱自己"的心理，消费者愈买愈精简，讲求对味而非便宜。大前研一归纳，多数一个人生活者并不需要廉价、量多的商品，他们的消费主张是"即使不便宜，也要购买自己喜欢的东西，而且对爱用品牌绝对忠诚"。

新营销：

过去网络卖得最好的是在哪里买都一样的左脑型产品，如今那些需要确认、试用的右脑型商品通过口碑营销也开始大卖。

新商圈：

提供集中购物的附加乐趣。宅经济当道，只有消费点数才能吸引消费者。

新价值：

品牌生存要创造知觉价值而非依赖打折。在"一个人的新经济"下，精致化、个人化的消费观再度抬头。产品要创造价值，不能迷信大量标准化制造以降低成本，削价竞争也不再是经营的灵丹妙药。

未来10年内，消费者将普遍在年龄、性别、科技、收入和生活形态上产生新的变化，出现许多无法解释的矛盾行为。例如，老人可能受到孙子的影响变成御宅族，甚至和儿女们一起上网购物。因此也可以针对老人贩卖年轻宅男的商品，妈妈也可能受到女儿影响，变成年轻熟女，会彩绘指甲，穿少女服饰品牌，他们喜欢分享女儿偏好的音乐、电视、服饰或杂志，甚至和女儿一起出入同样的餐厅和酒吧，听别人恭维地问："你们是姊妹吗？"

调查指出，消费者的这种转变，除了整个社会的价值观多元化、两性平等、家庭解构之外，创新科技与技术成熟以及消费者自我意识的觉醒都是关键因素。

值得注意的是，消费者的混沌化已和全球化的趋势一起进入地球村的各个角落，而网络和科技的普及更加速了消费者的混沌。

面对一日千里的高科技发展，大家显然是既期待又怕受伤害。因此，有专家直言：21世纪最重要的课题便是探求人生的意义，厘清科技与人的关系。网络是一种媒介，让消费者有机会快速接触到不属于自己这个族群的讯息。网络也是一种扩大器，让接受到这些原本不属于自己讯息的消费者被影响、被改变，甚至进一步去影响别人。

提起科技产品，已然和我们的日常生活相结合的首推计算机及移动电话。

各行各业的人都感觉到，以往靠人力完成的诸多生产线渐渐被计算机取代。凡是不用计算机或是用了计算机但未进入网络的人，在信息的取得与吸收上多是慢半拍。信息代表机会，缺乏信息往往意味着输掉了机会。换句话说，为了在第一时间内掌握最新信息，与高科技的代言者——计算机共同生活、相伴左右已成必然之势。

然而，计算机毕竟是新时代的产物，还是有很多人对它抱着"敬而远之"的态度，静观其变。不过，时间并不站在"敬而远之"的一方。计算机科技千变万化，升级的速度尤其惊人。为了沟通的效率及信息传递的便捷，计算机化的浪潮将涌向每一个人。

显而易见的是，一个不懂上网的人，其接触到的信息会变得非常贫乏，和同侪的互动也会受到限制。另一方面，未来的人成长在多媒体与计算机结合的环境下价值系统改变，有人预言，将会产生信息太多、太杂乱、太表相、太匆忙的困境……

在新科技快速发展的过程中，如何善用网络的好处而避免科技对文化及生活产生的负面冲击呢？他们所强调的是人性关怀的重要。相对于整体社会文化受科技冲击后的失调，我们这个事业拥有慈善、博爱的感恩企业文化，能够更好地应对这股时代潮流的考验。

我于20世纪90年代初期提出"六大信条"，几乎完全针对人性关怀，每一条都以促进人际关系的和谐、人与人的相互提携而设。

过去，我们这个事业曾在人际资源的拓展下发扬光大。未来的时代，网络资源或将渐次取代人际资源，但人类内心那股企盼关怀的原动力将永远无可替代。

因此，21世纪的科技与人必须相生相长、相互依存。一旦科技淹没了人性，人类存在的价值将受质疑。伙伴们如何在学习新科技时不忘人文关怀呢？遵循"六大信条"是唯一的解决之道。

据趋势大师大前研一的分析，高龄化、少子化，再加上近几年日渐风行的网络化，结合在一起会加深"宅经济"的比重。这样的生活形态不需要出门，每一样商品都可以宅配到家，自己的房间往往就是一个人的全部空间，导致社交生活愈来愈贫乏。而零售通路必须也采取相应的新思维与新营销方式，一定要改变营销包装的概念，为了新顾客、为了单身汉，一定要"小包装"。

当所有年龄层的家庭结构都以"独居"为主流，当网络化后的"宅经济"变成消费主流后，"一个人"已经不再只是一种生活方式，更是一类新族群。"一个人的新经济"形态不仅能创造出新通路、新营销，更能造就出一个新商圈、新价值。而大前研一所看到的新金矿，正是"一个人的新经济"所带动的消费新市场。

"一粒麦子缔造一个王国"

　　每一个成功者的背后，都有一种执着的精神。

　　20年前，陈武刚博士凭借着自己深厚的生化知识与专业研究，研发出一种全新的温和洁肤产品——克丽缇娜E.P.O.洁容霜。当时，市面上多为弱碱性洁面产品，克丽缇娜E.P.O.洁容霜打破传统的清洁概念，成为克丽缇娜品牌中最资深的明星产品，也成为日后克丽缇娜美容王国逐渐壮大的奠基石。

　　创于1989年的克丽缇娜国际营销事业，如同一粒麦子缔造了一个王国。20年来积极的发展，已由原先单一产品线克丽缇娜（Chlitina）彩妆保养品，进而扩展到沛缇（Healthone）健康食品、波缇曼陀（Portamento）衣饰品及Figo健康用品4条产品线，俨然形成全方位的健康美容营销体系。截至目前，经克丽缇娜专业训练的营销人员已经高达10万人以上，足迹更遍及东南亚、日、韩、欧美等国家和地区。

180

"一粒麦子缔造一个王国"，在2010年，中国企业新闻网曾经这样定位我们的事业！

　　事实上，我们能以"一粒麦子"的精神缔造健康美容事业集团，并不单是我个人能力所及。作为最初的那颗"麦子"，我只是把经营事业的理念分享给伙伴，然后经由大家的努力共同达成了目标。一片麦田的形成还需每位伙伴付诸行动与承担起传播理念的重大责任。

　　相信每一个伙伴只要虚心学习，放弃自我骄傲的外衣都可以深入以一粒麦子缔造的王国，而这项成就已经在诸多前辈身上获得了证明。当你有能力挑起这份责任时，也相对完成了自我的事业及人格的成长。

　　我深信，一个成功的人必定具备踏实、勇往直前、有信心且不怕艰难的人格特质。

　　在这个事业成立之初，我就有一个愿望：通过多国贸易，训练出一批非常有自信、有能力的人，使我们的事业迈向国际市场。

　　愿望的实现除了需要具备优质的产品、精良的训练之外，最重要的是要具备最宝贵的"资产"——儒家精神。儒家思想是中华几千年来所荟萃的文化精华，唯有把它发扬到世界各个角落，才能开发出更广大的市场。

　　21世纪，儒家思想会逐渐地影响整个世界。我们这个事业就是要将老祖宗的文化传递出去，让全球的人都来认同我们的做法，接受我们所标榜的伦理与秩序。

儒家精神蕴含在我们的"六大信条"之中。我们的"六大信条"虽只有短短数句，但其中蕴涵着中国古老的伦理哲学，帮助我们在短短数年内就征服了许多消费者。它使我们有信心进军世界五大洲，使我们的事业在每个国家生根发芽、茁壮成长。

那么，支撑我们事业的"六大信条"所要传播的理念是什么呢？即"放弃小我，完成大我"。小我意指全世界70亿人口中每一个渺小的分子。但是，一个人如果能用自己的能力影响他人，使之在知识、事业、生活等各方面都变得更好，这就成为大我。到此阶段，自然也会使小我变成一颗具备实质意义的种子，完成大我的升华。

我们这个事业就是凭借信条的力量，在短短数年中创造了世人眼中的奇迹。事实上，这个成功不是奇迹而是必然，因为我们把中国的儒家思想发扬光大了。

江西师范大学的教授曾写了一本书阐述我们这个事业的精神，无异肯定了每一位奉行"六大信条"的人。因此，我非常感恩祖先留给我们如此宝贵的资产，也恭喜每一位伙伴都能在个人的岗位上发挥潜能。

我们的事业是一个创业型的事业，考验在于你是否能以实际而具体的行动落实"委身"。"委身"不只是电影画面中动人的对白，必须要脚踏实地耕耘、日复一日地努力。为了使创业成功的美梦实现，就必须拿出魄力与勇气斩断一切不利于这个结果的荆棘，建立有利于成功的习惯、环境、气氛，甚至是人脉。

相互委身的誓言是维系婚姻的灵魂，是对婚姻的忠贞和与子偕老的信念。就成功来说，如果你能够像承诺婚约那样，对自己的另一半无怨无悔、不厌不倦，对自己的事业亦无怨无悔、不厌不倦，就已有几分成功的气息了。

成功是每个人的梦想，"委身"才是实现梦想的关键。无论是世间的任何一种关系，大至元首之于国家、小至学生之于学业都是如此，我们的事业亦不例外。

"委身"的意义不同于一般上班族习于朝九晚五，听到下班铃响就自动停止工作，即使耽误了客户的需要也在所不惜。如果做自己事业的主人也是如此，必一败涂地。

"委身"也不同于一般的"工作狂"式的工作。我们通常所见的工作狂，并不一定出自满腔的热爱。很多时候是因为当事人生活单调，没有培养嗜好，闲时便闷得发慌才不得不埋首于办公室，借以忘却生命中需要填补的空白。这样的"委身"并无益于工作绩效，最多只能换得雇主眼中的忠诚，而和发下誓愿的热诚相许相距甚远。

近代经济中的"股份制"，可以说是让上班族真正"委身"工作的催化剂。因为在企业中投入了自己的资财，企业的获利与否直接影响个人利益，真正的委身关系于是开始。股份制的例子在高科技产业中屡见不鲜，因此科学园区的办公室常可见灯火通明、愈夜愈美丽的工作画面。很多人心甘情愿地交付青春岁月，以十数年的时间换取后半生的空间。相形之下，这样的"委身"就显得更为主动、积极，也更能激发出生命潜能的火花。

即便如此，如果和"做自己事业的主人"相比，只担负些成败关系的股份制就又显得略逊一筹了。"做自己事业的主人"的事业则舍我们克缇而无其他了。

我们的事业恰如"一盏明灯将指引你正确的方向，多盏明灯却使你迷失方向"。这句话怎么解释呢？

比如桌上有一颗苹果，甲说它是苹果，乙说它是梨子，丙说它是橘子。其实这不过是名称不同罢了，只是一开始有人称它是"苹果"，于是约定俗成，沿用至今。你只要跟着前人称呼即可，如果另创名词反而混淆视听。一个人如果思想混浊，将会失去立场无以生存。

又比如有一个病人，第一个医师叫他吃甲药，第二个医师叫他吃乙药，第三个医师说两种药都不能吃，要吃丙药，最后这个病人变得每个医师的话都不相信了。

我们可以从上述例子得到一个启示：作为一个指导者，你可以害人也可以造就人；作为一个学员，你如果没有自己的中心思想，就很容易走上失败的不归路。我们事业的中心思想是什么？就是"六大信条"，就是跟随成功者的脚步走，心无旁骛毫不犹疑。

我们可以从周边开始，与自己的亲朋好友建立紧密的关系，给予其正确的理念，协助他们拓展良好的人际关系。然后再不断地去帮助、施予更多的人，把爱绵延得更长远，如此你便会被人敬仰。

　　我们所从事的事业正是生命的延续，我希望每一位伙伴都能够不存私心，把你在这个事业中所学得的成功之道进行大众化的延续。分享给亲朋好友、下一代以及周围的每一个人。使每个人都能得到生命的精华，同时让自己的生命再伸展，并且真正体会到"把一生的成就散播至无限宽广。

　　你可以使每个人因吸收你的理念而获得成功，你的生命便将无所畏惧。更简明的解释就是，让我们把这样的理念与生命推广到其他人的身心上。

　　我们这个事业犹如麦子结出麦穗。从两三粒开始，生长到百粒、千粒、万粒……最后成为一片麦田，而麦子的精神正是我们这个事业的精神。

　　我们事业的缔造过程足以证明，一粒麦子掉在地里会长成一整丛的麦穗，而这一粒掉在地上将要发芽的种子，可能就是你！

营销，政治和生活的统一

2009年4月12日，克缇（中国）集团投资1.5亿元的上海松江新工厂正式启用，同日，由中国青少年发展基金会携手克缇共同实施的希望工程"燃灯计划"也正式启动。中国国民党有关高层、上海市相关领导、中国青基会相关负责人、克缇国际集团及克缇（中国）相关管理层应邀出席并为工厂剪彩揭幕，也为克缇（中国）即将正式开展的业务造势预热。

作为多年位居台湾营销市场首列，唯一一家获得内地经营牌照的台湾地区企业，台湾政界给予了克缇公司积极的支持。就此次上海新工厂落成典礼，时任中国国民党荣誉主席连战及夫人连方瑀、中国国民党副主席林丰正、中国国民党中评会主席徐立德和黄大洲悉数到场致贺。记者注意到，中国国民党副主席、台湾海基会董事长江炳坤也送上了花篮对克缇（中国）上海新工厂的落成表示祝贺，说明克缇国际集团在台湾地区有着重要影响力。

连战专门发言表示："今天适逢克缇上海新工厂开业，克缇公司在内地市场也面临新的发展机遇，我特地携内人和党内同志前来道贺，希望克缇在两岸经济的交流和促进中发挥越来越重要的作用。我要告诉大家，陈武刚先生不只是一名成功的商人，同时也是一名善者，他的善心曾帮助过台湾很多有需要的人士。今天，我也听到他和他的企业在内地慈善事业方面也做出了相当的贡献，对此我深表欣慰。"最后，连战祝福克缇（中国）："蓬勃发展，大业永昌，骏业宏开！"

那么克缇所在的业界，究竟是何种状态呢？

从现行形势看，台湾的营销业正隐隐掀起一波改头换面的新浪潮。在这一波浪潮里受到震撼的不仅有经营者，更有许多从业人员以及潜在的爱好者，他们拭目以待，期望在变动的趋势当中发现新的可能性，以此为自己的生涯重新定位。

理想的营销生涯究竟该是什么样的面貌呢？事实上，在我们这个事业的经营规划里，早已见诸文字并行之多年。多年的从业经历让我得出这样的结论："经营政治化、方式生活化"。希望所有的伙伴对这十字箴言都耳熟能详！

关于事业的发展，成长与稳定孰轻孰重是我经常深思的问题。解题的答案来自于前中国国民党荣誉主席连战的一句话。他曾在莅临克缇十周年庆现场讲演中说："好的政治就是一种好的营销。"这句话十分有创意地把从政与营销联系起来。他数度表示，我们这个事业的做法和他的理念"一模一样"。连战主席的这番话深深地鼓舞了"一路行来始终如一"的我们。

政治是一门管理众人之事的学问，而营销亦是一份与人密切相关的事业，人文色彩相当浓厚，就这一点来说，两者一如手心与手背实有密不可分的血缘关系。

首先，营销和政治都重视效率。营销业是通过减少层层中间商降低成本，给顾客最优惠的价格、最直接的服务的行业。快速反应民之所欲，以便为民众提供更好的服务；换句话说，有效率的服务同是政治家和营销业者存在的基础。

其次，营销和政治的客户都是人。人的思想因为不同的刺激而时时变换，所以要掌握客户便得面对面地充分沟通。业者通过沟通了解顾客的需要，也让顾客充分了解产品的特性；政治人物则因沟通的结果让政府政策符合人民需求，政策推动起来更能事半功倍。

再次，营销的产品和政治人物一样要不断接受监督和检验。产品如果质量上佳，再搭配十分的诚意，自然就会一传十、十传百、百传千，客户滚滚而来；民主时代的政治人物亦多半得通过选票的肯定才能蝉联。

最后，营销和从政都得"时时服务"。传统的销售有"货物出门，概不负责"的缺点，因此，货物出门后负责到底、服务直至客户满意为止的营销业才会如火如荼。政治人物也是一样，不能选上了就跟选民说"下次见"。政治家如果没有持久的服务，将很难赢得选民持久的支持。

值得我们借鉴的是，选民的选票足以影响政治人物，他们有绝对的自主权力；营销亦属个人行为，顾客一旦感觉不对，就会摒弃所选的产品。

照这样的思考逻辑引申下去，我们可以细细体会到，治理一个国家和经营一个公司其实也是大同小异的，两者都要秉持相互反馈的精神才能成长壮大。在政治领域，候选人平常的作为是能否被推举的依据；营销亦然，内在逻辑丝毫不差。

我们再看营销业经营中的问题。与政治稳定和发展相比，国家需要成长，但成长需要稳定做后盾，两者不可分割，更不能背离，这个原则放之四海而皆准。通过对诸多政治问题的思考，我发现很多经营的难题都迎刃而解了。

很多公司在迈进高峰期后常常面临瓦解的窘境。它们过往的辉煌危在旦夕，大都因为一味追求成长而疏忽了稳定。然而，当瓦解后再想追求成长则是一条漫长艰难的道路，这一点不容不慎。因此，假如我们能以治理国家的心情，小心谨慎地经营以人为本的事业，成功的目标即使不达亦不远矣。

营销事业的经营发展可以借鉴政治的思路和观念，而方式则可以从生活中得到更多的启迪。"营销生活化，生活营销化"是被大多数伙伴所接受的营销方式。

回想一下，这样的经验是否在你的生活中不断地上演呢？看了一场精彩的电影，回到家忙不迭地要告诉身边的人；读了一本好书，回味无穷之余，也一定会和品位相投的好友分享一番；就连发现了一家好饭店，大多数顾客不也都会免费地代为宣传吗？营销口耳相传的方式亦是如此。因此，营销就是这样生活化地发生在你我四周，一波接着一波进行着。

只不过，如果不通过有制度、有系统地处理这种口耳相传的营销行为，类似的分享充其量只为你赢得热心的口碑，并不会带来实质的利益，也并不会因此改善你和家人的生活。

再看工作者的工作时间和地点。尽管营销的过程高度专业化，不过有趣的是从事的人并不需要像其他行业的工作者一般，朝九晚五地被框锁在一个固定的空间里，用时间换取波动甚微的报酬。更有甚者，营销技能几乎是人人都有潜能获取的瑰宝。加入这种工作的条件很简单，只要你有一颗乐于分享的心，愿意把自己实际体验过的好产品真实地推荐给身边需要的人就可以了。这种没有时间和地点限制的工作方式也更加的生活化。

"生活营销化"则是让营销事业成为生活不可分割的一部分，把口耳相传的推荐变成富有实质内涵的分享，从而达到双赢的结果。我们不仅拥有正派、领先的企业形象，更有许多荣获"正"字标记的优良产品，商誉卓著。因此，无论是全时参与或兼职从事都可以享受到生活质量日渐提升的成果。

生活化的营销并不会占用你过多的时间。时间对每一个人而言都是公平的，一天二十四小时，主要看你如何规划、做何分配。如果你是上班族，你可以在闲暇之余跟同学、老友聚会，说些无关紧要的无意义的话语后毫无所获的空手而回；你也可以用从事副业的心情，在与人相聚时，有所准备地把值得分享的好产品诚心推荐给他们。长此以往，不仅你自己将因此获利，生活质量得以不断改善，就连生命的视野也会因为人际关系的拓展而日益开阔。而你的朋友们亦将得到和你一样的好运，大家变成一个互助互利的良性循环的幸福联结体。

在不占用大量时间精力的前提下，营销能为你带来意想不到的财富收获。以白领阶层的上班族为例，若要等待每年微幅调薪来改善生活水平，往往是缓不济急，甚或所加的薪资已被通货膨胀吞噬殆尽；如果能够善用上班以外的闲暇，把自己亲身体验的好产品推荐给诸亲好友，在我们事业的现行制度下就会聚沙成塔地慢慢累积出一笔财富。短期而言，贴补家用或添购价值较高的用品必然易如反掌；长期来看，若能持之以恒地努力做下去，或许会有一笔可观的退休金在等着你也说不定。这样的美梦随时都可以兑现，只要你善用时间、开拓人际，即可实现梦想。

为了更好地服务克缇事业的伙伴和客户，我们还开设有网络订购产品的平台，两天之内便可把货品直接送达，节省以往舟车往返的取货时间，以便伙伴们能全力拓展人际网络，发挥一己之长才。

朝阳行业，助力人生

2010年，牛津英文字典选出了"squeezedmiddle"（被压榨的中产阶级）做为年度的代表字语。它代表着经济不景气，民众饱受通货膨胀、薪资冻结之苦，但又无力改变的"倍感压榨"的状态。

2012年，随着欧洲"猪国"（PIIGS，即葡萄牙、意大利、爱尔兰、希腊、西班牙）债务危机的日益扩大，全球经济的景气能见度愈来愈低并导致前所未有的中产阶级失业潮。"世界之都"纽约有上班族在被公司裁员后，过起了艰难的苦日子。因为次级房贷的金融风暴，不少人在房、车都被迫拍卖后妻离子散，过着居无定所的游民生活。他们穿着笔挺的西装，出现在领取失业救济金的窗口，要靠抽签决定自己当晚能否安睡在收容流浪汉的行军床上。人群中，或许就有以往坐领高薪的华尔街精英夹杂其中。

世间的景象总是风云变幻，此情此景着实让人深感五味杂陈。全世界的经济形势仍然笼罩在一片阴暗中，固然会影响许多人的就业机会，但如果你仔细观察就会发现，仍有不少人和企业就像那愈冷愈凝香绽放的梅花始终屹立于风雪中，展现着傲人的生存之道。其中，营销行业正像捎来喜讯的春燕一般成为对抗失业大潮的中流砥柱。

为何营销行业能够在寒风中傲立呢？什么才是足以抗衡人生逆境的王者之道呢？

我相信，"生于忧患，死于安乐"的忧患意识是成功者必备的人生态度。如果能够正确地认知到，宇宙间唯一不变的真理就是一切都在变动，我们就能居安思危，意识到终生学习的重要性，并不断地培养自己各方面的能力以从容应对自己面临的问题。

开创克缇事业之后，我更充分体验到以往的每一步修炼都是创业的基础。在这个以人为主的事业里，培养自己与他人的沟通能力可以说是必备的入门要求，而每一个良好的人际关系，无不建立在对人诚实、正直、负责的态度上。一旦这样的人格特质在日复一日的修行中逐渐彰显出来，自然就会有很多人愿意与你相处，成为能够扶植你事业成功的好伙伴、好朋友。

当你走进克缇事业后，你不仅会结识免费为你进行专业指导的前辈，更会逐步接触到经营、管理的事务。通过前辈的经验传承，你必能领悟到一般白领或工薪阶层很可能一辈子都无缘学习的内容——如何做自己人生的主人。可以说，这是一个终生都在塑造自己的行业。

多年的从业经验和切身体会让我相信，从事克缇事业可以提升一个人的自我管理能力。作为20世纪最被企业界推崇的管理大师，彼得·杜拉克以90岁的高龄推出了一份献给人类的大礼——他的新作《21世纪的管理挑战》，在书中他详尽地阐述了管理中的多个热门议题。

比如，针对如何提高知识工作者的生产力这一问题，彼得·杜拉克表达了对自我管理的高度认同。他认为，工作者必须了解以下重要因素：

（1）任务为何；

（2）能管理自己的生产力，同时要有自主性；

（3）能不断地创新；

（4）能够持续不断地学习，以及持续不断地教导；

（5）不只是量的问题，质也一样重要。

事实上，有愈来愈多职场上的人需要学习经营管理自己，还要懂得尽量发挥自己的特长，以及应当在何时改变自己所做的事，并知道如何去改变。杜拉克的21世纪自我管理之道简直就是为营销工作者所设计的，克缇事业同样可以帮助你提高自我管理的能力。

自我管理作为管理的最高境界，也恰恰是营销行业的最大特点。台湾科技业龙头鸿海科技集团董事长郭台铭，是一位白手起家

的创业者。他认为通过自我管理达到成功需要具备以下三个步骤:
第一,要执着有热情;第二,一定要有面对挫折的勇气;第三,一定要乐观,并学会正面思考。

所谓失败为成功之母,如果一个人从来没有经历过连续或者重大的失败就轻易成功,这样的成功必然只是昙花一现。因此,我们不能害怕失败,更不能在挫折面前止步不前,而应当积极寻找成功的办法。天底下没有完美的办法,但绝对有更好的办法,我们一定要想尽各种办法解决困难。要记住,真正能够打败自己的永远不会是别人,一定是自己。因为,在我们遇到挫折时,有权利说放弃的只有自己。

郭台铭董事长送给青年的三部曲,以期许年轻人培养成功者的特质,和克缇事业的经验不谋而合。过去,我们不断地用"六大信条"来共同砥砺,并直面诡谲多变的未来。如今,我们的事业所信守的最新箴言将是——勇于自我培养的人、自我管理的人终得成功。

要想成功实现自我管理,必须要清楚地认识自己的长处,这在21世纪显得特别重要。还有非常重要的一点是,要改正那些会妨碍我们良好表现的不良习惯,而且愿意不断学习;还要根据自己擅长的学习方式来不断充电,让我们的观念与时俱进,这是任何一个人在21世纪有所成就的关键所在。

管理学之父杜拉克同时提醒所有的工作者,要实现成功的自我管理还有一个先决条件——及早准备，其中包括心理准备，也包括实际的行动准备。未来的知识社会是一个崇尚成功的社会，而一旦你在心理上选择了与克缇事业同行，便意味着已踏出了成功的第一步。

克缇事业能够帮助你赢得人生的第一桶金。第一桶金是人生中的第一笔关键性财富，它能够让你初尝金钱的魅力，也就此种下日后致富的种子。如果你建立的是好因子，长此以往，金钱就能够为你工作；倘若所种的是坏因子，你就有可能为金钱劳顿一生。

潜艇堡（SUBWAY）三明治的创办人佛瑞德·迪路加出身贫民区。他用借来的1000美元起家，经过40年的努力创造出了如今横跨82国，共有2.3万多家分店，年营业收入超过1000亿新台币的全球第五大连锁体系。

佛瑞德·迪路加归纳自己挣得第一桶金的四个重要关键点在于：信用、人脉、坚持与热情。而这位企业家的致富秘诀也可以说是所有富人的共同特质，更是要挣得人生第一桶金的基本条件。其中不怕失败和坚持到底是使人致富的重要因子。这也恰是克缇事业要明确告知你的内容。

除了坚持到底的决心之外，对金钱的向往与热情同样是帮助我们挣得第一桶金的不可或缺的因素。只是我们必须要认清，金钱固然能够帮助我们实现很多愿望，却不是恒久不变的资产。虽然它每天都在我们眼前来来去去，但我们唯有真正理解它如何来去，才能生出驾驭它的力量。

在这个经济低迷的年代里，前人的经验已不断告诉我们，营销事业又将异军突起，加入我们的事业不仅是能见度极高的致富之路，更是获取人生第一桶金的绝佳机会。对于营销事业而言，你应备好挖金的工具，除了坚持与热情之外，还有信用与人脉。包含着这两个重要元素的财富种子不但根基稳靠，更能在日后不断茁壮成长，最终长成一棵财富的大树。

把握人生的第一桶金绝非遥不可及的梦想。克缇事业集团以扎实的经营建立了自有品牌的信用与人脉，欢迎大家秉持着"挣得第一桶金"的坚持与热情，一起来分享克缇事业的资源，在这里栽种出属于自己的财富巨树。

开拓通路，赢在起点

在日本著名的松下公司，创始人松下幸之助曾经以自己的人生体验写出了这样一本极富智慧的名作——《路是无限宽广》。其中有这样的一段话发人深省：

"在社会景气欠佳的情况下，人会不由自主地感到焦躁不安，然后变得漫无目标。我们要想把前进的步伐走稳，首先要从处理好自己眼前的事情开始做起。我们首先要把家人和亲属照顾好，再将住处整理得井井有条，在平日里要端正自己的举止，以安定的心去增进伙伴之间的繁荣。"

他在这一番话中提到的要求，也正是有志走出属于自己的道路的人在出发时应具备的心理素质。

路，一个简单的字眼，却有着极其丰富而重要的内涵。就中国文字的象形角度剖析，路字左边的"足"代表脚，右边的"各"代表个体，两边合在一起意味着每个人脚下所走出的空间即是"路"。

关于路的形成，文学家鲁迅曾经有这样一段话："其实，地上本没有路，走的人多了也便成了路。"试想一下，在空旷的乡野，原来是荒凉、僻远的，没有多少人烟，偶尔有的只是过路人匆匆的背影。也许因为有人发现了这里有一段笔直、顺畅的捷径，于是草原上开始出现被人践踏过的痕迹。当许多人都觉得这样跨越非常便利，就重复着同样的脚步，久而久之，终会有愈来愈多的人可以明确地分辨出，这条不长青草的小径正是一条路呢！

鲁迅的"路"的观念是一种拓荒的精神。这个拓荒成路的观念不仅适用于足下，也可以应用于头脑，人类不断开创的科技文明就是一例。自20世纪中叶计算机问世，随即展开了一连串的变革与发展。计算机工程师的思路经过突破再突破，使得新产品接踵而至。曾几何时，网络已替代了传统的信息传输工具成为全世界无所不及的新道路。于是，通路造就财路，凡是跟网络沾上点边的企业在市场站稳脚跟后都能发展壮大，难怪股市里价格最高的股票总是和光纤通路企业有联系。

企业如此，国家亦然。近30年来突飞猛进的中国，崛起的第一步即是城市与乡镇的造路工程和四面八方的道路工程。路开通了，不仅使得人们畅行无阻，货物亦因交易频繁而日新月异。通路就像一把燎原之火烧出了热腾腾的市场需求，连锁店开始林立在大城市的街道上，并且因为交通无碍，最终还敲开了次级乡镇的大门。

在中国的经济起飞和通路亦步亦趋的过程中，我也有幸参与其中。20世纪末，我亲自到了祖国大陆沿海地区，嗅到了以通路为主的服务业即将大放异彩的气息。克缇事业于是开展到了内地，在上海建立了"滩头堡"。如今，我们的加盟店遍布各省各市，就连遥远的新疆也可以见到克缇的旗帜高挂，而正是逐年累计的加盟店形成了我们宝贵的通路资产。当祖国大陆开放这类牌照后，我又在台湾从业者中拔得头筹。可见幸运的伙伴在起步之初即可踩着一条条阳光大道，用早已建构待用的通路，四通八达地向大家传递健康、美丽与财富的讯息。

其实，通路的关键在于起点。人生之路在每一个不同的阶段都可以有新的起跑点，如果你刚好错过了上一个，请千万别再放过下一个难得的机会。哲学家柏拉图说过一句名言，"任何事情在开始的地方都最为重要。"一个好的开始往往已是成功的一半，而一个不好的开始却可能让你未战先败。比如，一场比赛之所以会输掉，往往是因为参赛者在一开始的时候就跟对手站在不同的立足点上。就像一场100米的短跑比赛，如果你的对手站在距离终点只有50米的地方起跑，即便你拥有打破奥运纪录的飞毛腿也是很难赢得这场比赛的。

然而，我们要想在经济衰退的逆境中求胜，与起点同样重要的还有"赢家的思维"。我们正处于一个充满变动与不确定的年代，如何才能步步为营掌握制胜的法宝呢？我想，唯有兼具灵活与耐力的人，才能在求生之余还能保持充沛的活力并最终获得成功。

在横扫全球的金融风暴肆虐过后，多数人因惊魂未定对前途失去了方向感，他们不但看不到远在天边的希望之光，就连近在眼前唾手即可摘取的果实，往往也未能把握。不过，也有身经百战、先知先觉的人，把这个半世纪来难得一见的财富重整浪潮当作绝地大反攻的起跑点。美国赌城的一位大亨就凭借着灵活的逆向思考，在哀鸿遍野的危机中进入股市，用短短半年的时间使自己的财富增加了三倍。因此，他的后半生就因为自己正确的决策而稳稳地赢在了起跑点上。

除了赢家的思维，可以让你赢在起跑点的妙方还有灵活和耐力。不知道大家有没有看过阿里对福尔曼的那场经典拳王争霸赛，通过全球的实况转播，世人目睹了双方选手可瓜分1000万美元奖金的"丛林之战"究竟是如何分出高下的。两人之中，阿里展现的是灵活，他能迅速察觉并把握机会；福尔曼展现的则是耐力，他能承受重击并经得起突发的变动。事实证明，能在灵活与耐力之间保持平衡才是最终制胜的关键。阿里在"丛林之战"中赢得了"拳王"的头衔，凭借的是他既能保持一贯的灵活，同时也强化了自身的耐力，终于击败了自认为赢得比赛已如探囊取物的福尔曼，由困境中脱颖而出。

人生的旅程可以说是一场与时间赛跑的竞赛，在开跑之后，很少人能有机会调头重来。因此，望子成龙、望女成凤的父母们总是毫不吝惜地付出金钱与心力。无论是哪一种对孩子才艺的栽培，目标都不外乎是让自己的孩子胜人一筹，能够赢在人生的起跑点上。

值得思考的是，如果我们在童稚时期并没有受到特殊的培育，成年以后，还有机会让自己掌握先机，比别人更能胜任各种考验与挑战，做一个游刃有余的生命赢家吗？我们的起点又在哪里？

我们的事业曾经多次用实际经验为这个问题的答案直接做出了佐证。选择加入我们的事业，无异于让你站在距离决胜点最有利的位置上，只要你愿意勤劳地耕耘，在这片沃土上，你的努力就一定会开花结果。

每当经济不景气的浪潮席卷各行各业，加入营销事业的生力军就会格外踊跃。他们在这里接受完整的训练与教育，不仅培养了自己的特长，也发展了人脉，更成为决定自己命运的真正主人。他们的成功展现在方方面面，赢得财富、健康与美丽自不在话下，尤其可贵的是，他们的生命境界也都通过这个历程而豁然开朗了。

最后，我要特别强调努力的重要性。每一天都脚踏实地地努力工作是让你天天都赢在起跑点上的利器。

有些人在做事之前习惯等待一个好的开始，或等待好运从天而降。其实，好运并不难寻觅，它就来自于你的不断努力。我们一定要学会抛开守株待兔的负面心态，去积极主动地做事情。如此一来，我们自然能够迈着轻快的步伐，靠自己的努力快乐圆梦，用积极的行动来面对每一天的生活。而这也正是能够让我们扭转乾坤的自我经营之道，是通路的根本之法。

还需要我们思考的是，凡甜美的果实无不源自于最初勤苦的耕耘和栽种。消费者享用果实，耕耘者却拥有创造果实的大树。那么在两者之间，到底谁的效益更高呢？

有一个故事是这么说的。一群做着淘金美梦的矿工发现了一座价值连城的金矿，但他们必须穿越一条水流湍急的大河方能进行开采。请问，真正的有志之士是在湍急的河流上架设桥梁并以此向行者收取费用的人，还是那些开采矿产的人呢？

通路就像故事中的桥梁，一旦架构起来便可永续经营，收益将是源源不绝的，相比较而言，自会比开采有限的金矿更具发展潜力。

当你走进我们的事业，你便已经找到了架设桥梁的位置，我们自将不遗余力为你提供开路、架桥的工具。不过，究竟你开出的会是一条康庄大道，还是一条羊肠小道，只有你自己才有决定权。只要你愿意广结善缘，设定目标又能很好地掌握方向，就能够一步一个脚印地走出属于你的一条道路。

开拓通路的过程还需要我们具备信心，坚决地相信路是人走出来的，历史是人写出来的，办法是人想出来的。有些人一遇到困难，直接的反应就是想办法逃避，但如果能换一种态度，把困难当做磨炼，把危机化为转机，用不服输的毅力超越困境，自会在"山重水复疑无路"中盼得那"柳暗花明又一村"。

新的事业，开启人生新舞台

深山中有一座庙宇。有一天，小和尚问老和尚说："师父，我人生最大的价值是什么呢？"老和尚没有直接回答，而是对他说："你到后花园搬一块大石头，拿到菜市场上去卖，任何人问价都不要讲话，只需要伸出两个手指头。无论给多高的价格都不要卖掉，直接抱回来。然后我会告诉你答案。"

第一天，小和尚将石头抱到了菜市场，一个家庭主妇过来询问价格。小和尚伸出两个手指头之后，家庭主妇说："20元，好吧，我刚好拿回去压酸菜。"小和尚摇摇头抱回了石头。

第二天，遵照老和尚的吩咐，小和尚将石头抱到了博物馆。同样有人过来询价，小和尚没出声，伸出两个指头，那个人说："200元就200元吧，刚好我要用它雕刻一尊神像。"小和尚摇摇头又抱回了石头。

第三天，老和尚让小和尚将石头抱到了古董店。这次，有人给出了2000元的价格，小和尚又摇了摇头，抱回了石头。

老和尚说："你人生最大的价值就好像这块石头，如果你把自己摆在菜市场上，你就只值20元钱；如果你把自己摆在博物馆里，你就可值200元；如果你把自己摆在古董店里，你却价值2000元！舞台不同，你人生的价值就会截然不同！"

人的一生恰如演员在舞台上的表演。人自呱呱坠地便开始扮演各种角色，初为人子，后为人母或人父，还有可能因事业昌隆扮演大官或大老板，或者因命运多舛沦为乞丐。"人生如戏"是人们经常说的一句话，也是认真生活的芸芸众生迟早会感受的生活体验。

舞台上的角色分量不同扮相也各异，而无论当事人喜不喜欢，一旦时机成熟，我们扮演的角色便会自动上演。你可以用欢喜心演出这场角色变易的人生大戏，也可以自怨自艾导致一生都悲情不已。不过，一旦人生落幕舞台不再，即使你还想重头演起恐怕也再找不到聚光灯与着力点了。

我们所能把握的就是选好自己的人生舞台，让自己的生命与众不同。自创办克缇事业以来，许多人登上了营销事业的大舞台，自此以后他们人生的剧本便与我们克缇事业的发展状况息息相关。

在这些人中，有的是从没离开过国门的人；有的是因事业的触角伸及海外而经常穿梭在不同国度，并时常受人仰望的领导者；还有的是从没有西装革履地出入过五星级大饭店或穿着燕尾服参加盛宴的人，他们都因参与我们的事业而得以提升。加入克缇后，他们不仅外在形象发生了改观，内在人格也获得了提升。总而言之，他们的人生换了一个舞台，境界便迥然有异，与之前相比简直是不可同日而语。

他们在描述自己的心路历程时，常会异口同声地说："感谢营销事业给了我人生新舞台。"紧接着，一切美好的事物便在这个神奇的新舞台上一一展现了。

人生的舞台之上，除了我们尽情挥洒的汗水和激情，还有席卷而来的暴风骤雨。2008年，百年不遇的金融风暴席卷全球，在密切联系的全球化时代，几乎没有一个国家能够幸免于难。过去，克缇也曾遭遇过两次严重的考验。第一次是在创办初始的1990年初，台湾的股市由12 000点一落千丈，我们的事业伙伴却骤然增长，靠着直接推展业务、介绍价廉物美产品的销售服务，不仅扩大了市场占有率，也让销售据点遍及台湾南北。第二次挑战则来自1998年的亚洲金融风暴，在灰暗而萧瑟的市场中，伙伴们依然挺直腰杆向前冲，缔造出逆势成长的经济奇迹。

这一次也不例外，虽然各个金融机构在濒临崩溃的压力下不断裁员，也有不少企业因无力经营而憾然倒地，但是在黑暗中仍旧闪耀着克缇的星火，你看见了吗？

所谓"一灯能破千古暗"，只要存在一丝微弱的烛光，其能量就有可能因势利导而逐渐扩大，最终照亮每一个角落。这光亮就像一股逆势破局的力量，重点在于我们要牢牢掌握住那个力量。对我们这个事业的发展而言，逆势破局正是我们的市场立基。

因此，尽管金融风暴来得风狂雨骤，大多数人都只看到惊涛骇浪，但在我们这个事业的历史经验里，放眼望去都是反败为胜的实例。我总结了一条经验，那就是要相信自己可以成为命运的主人。因此，我希望大家都要努力成就自己，锻炼自己成为东方不败的顶尖业务员。被金融风暴席卷不见的绝不会是顶尖业务员。套用投资大师巴菲特的名言，"唯有在大海退潮的时候，才可以看出裸泳的是谁。"我们也可以说，只有在市场大退潮时，才可以看出谁是真正的顶尖业务员。

或许你早已是一名业务员但却一直不自知。因为在这个年代，无论是通过各个网站出售商品，或在面试时推荐自己还是在从政时推销理念，就广义的角度看来，人人都在做业务。换句话说，从总统、企业执行长到上班族、自由工作者、商店老板……无一不是业务员，只是，你意识到了吗？你准备让自己变成一名不败的顶尖业务员吗？

其实，所有优秀业务员所应具备的条件，大都以耐心、用心和渴望的心为最低门槛。

不过，如果你还想要更上一层楼，在全民做业务的时代中跃升成为个中翘楚，那么，你还必须善于观察、有同理心、能感动人，即使在最悲观的情境之下仍然不放弃，用乐观的态度激发对方的希望与斗志。

因此，一般叱咤商场的企业领袖不但是公司业务员中最抢眼的顶尖业务员，一定也是在低潮时期最能激励人心的梦想制造者。

有一位业务员出身的高科技公司顾问，曾经"煮酒论英雄"，点评微软创办人比尔·盖茨是当今最伟大的业务员。他的理由是，比尔·盖茨最可怕的业务力是他能"创造未来"，把还不存在的商品卖到全世界，并鼓励世人对未来世界产生向往。

而比尔·盖茨的对手——苹果计算机创办人乔布斯，则散发出另外一种业务员的天赋。英国的媒体形容乔布斯是"终极业务员"，他的业务优势是"现实扭曲力场"，他不但让人完全相信他所说的内容，还会心甘情愿地做出有利于他的决定。

而更多的过来人归纳其经验发现，即使有最佳的学历、条件，也未必能造就赢得客户的业务实力，重要的是要学会在艰苦的环境里练就过人的胆识。这样，即使身处最黑暗的时局，也会用魔笛吹出让人热血沸腾的憧憬。

总而言之，任何一个行业里的顶尖业务员都应具备下列八种特质，营销业亦然：

（1）有亲和力：懂得取悦客户。

（2）会表演：能够进入潜在买主的内心，激发他们的想象力。

（3）自制：有自我的纪律。

（4）主动：能够自己制订计划，并且付诸行动。

（5）容忍：心胸开放才有机会做生意。

（6）准确思考：好的业务要懂得精算，怎样对自己和顾客最有利。

（7）坚持：不受顾客的影响，也不认为什么事情不可能。

（8）相信：相信自己所销售的东西，相信潜在买主，相信会成交。

营销事业是一个在风雨中茁壮成长的实体。我们不怕艰难，因为我们早已掌握了逆势破局的利器，占据了人生最为有利的舞台。

事实上，每一个人的事业生涯都会有属于自己的舞台，只是舞台的大小略有差别而已。在舞台上，我们尽情表达荣耀、自信与对未来的憧憬，同时享受掌声。当然，人生很难事事如意，在潮起潮落的自然变化中我们难免也会尝受被冷落的滋味。

然而，唯有站在舞台上亲耳听到掌声，我们的责任感与使命感才会油然而生；即使听到的是嘘声而不是掌声也才有机会彻底检讨，从而鞭策自己日趋完美。舞台是使人成长的地方，一旦人生失去舞台，就像将军掉了枪、记者废了笔，不论曾是何等的英雄好汉也难再有用武之地，之前曾扮演的任何角色便也都不具实质意义了。

既然人生不可失去舞台，我期勉每一位伙伴一定要一心一意、心无旁骛地扮演好自己的角色。只要恪尽职责，在克缇人人皆可获得舞台。这个舞台是我们用来锻炼自己、考验自己的好地方，你的目标愈明确、胸襟愈宽广，属于你的天地自然也就愈无限宽广。

不过，凡是在舞台上受人尊崇、具有领导魅力的领导者都有一个共同的特质，那就是在极力拓展自己舞台的同时，绝不会忘记提携新人给别人舞台。尤其是在营销的领域里，没有传承的营销寿命往往有限。如果前辈缺乏海纳百川的胸襟，新人便将空有满腹雄心壮志，但无舞台施展抱负，这不仅是人力资源的浪费，更是演出者的最大遗憾。让我们用传承在营销的舞台上演绎完美的人生！

撒播希望的种子，开创人生的春天

孙越是中国台湾地区男演员、知名志愿工作者，曾参与多部电影的演出。1989年宣布退出商业演出，全力投入慈善活动，只从事义务性、公益性演出，包括节目主持、倡导广告等。

还记得当时，顶着金马奖影帝光环的孙越毅然在演艺事业的巅峰时期宣告息影，"自此之后，只见公益，不见孙越"。他全心投入慈善活动，走进人群成为一个推动爱心的义工。因此，在授颁荣誉学位的典礼上，多位知名之士一致肯定，这是一份实至名归的荣耀！一个有爱心、有品德的"大家的老朋友"付出整个后半生，修得了这个由美国加州阿姆斯特朗大学颁授的满堂喝彩的博士学位——"荣誉人文学博士"。

孙越用未来的岁月换取了另一个人生理念的完成——为社会上的弱势团体服务和奉献，我相信所有的伙伴应该和我一样都得到了最好的激励吧！

孙越正因为目标在握，他才能够在年逾半百之后再创人生巅峰，成为台湾社会上从事公益事业的典范人物。

克缇事业十周年庆时，我们曾介绍了这样一首属于自己的《种子之歌》：

一颗种子，随风吹，吹落地。
等春天，春天到，花就开；
开到满满是，满满是春天。

这首歌贴切地表达了一粒种子需要悉心照料，才能顺利地萌芽、成长，最后绽放花朵的过程。正如同从事我们这个事业需要不断地给人信心、希望与关爱，才能帮助值得帮助的人同时造就自我的成功。

《种子之歌》其实正是在歌颂属于克缇事业的春天。

在年复一年不断流逝的人生岁月中，有什么样的自然景致是最令你企盼的呢？相信绝大多数的人都会向往那代表生生不息的盎然绿意，还有那几乎没有缺憾的花好月圆。而一想起这些，我们就无异于回到了一年只有一季的"春天"。

一年四季只有一个春季，所以古人常用"春"来代表年。春天是一元复始、万象更新的时节，也是人生的起步——青春年少；是人生的希望——妙手回春；是和煦的付出——春风化雨、春晖映人；是人生最圆满的祝福——春满乾坤福满门。春天是否真能遍布宇宙上下，让一切的美好停下脚步？这都在于每个人的一念之间。

自创办克缇事业以来，我始终承受着不同人的目光注视。悲观的人认为世界局势多变、经济景气难以逃脱高低循环的宿命，而台湾的相关规定并不明朗，竞争者往往不择手段……种种不利的因素都让人不禁步履蹒跚、踌躇不前。而我看到的却都是光明面。这源于我掌握了努力的目标。目标可以让一个人所踏出的每一个步伐都留下实迹，而且他的人生最终会结出丰硕的果实。

目标代表着一个人的未来。事实上，也唯有了解未来的人才能真正体会目前辛苦耕耘的意义，进而对一切考验甘之如饴。人的力量来自于信仰和希望，如果我们清清楚楚地知道自己该如何做、能够得到什么，并确认一定能够得到，那么，我们眼前牺牲或奉献的滋味，便将如吃甘蔗一般，甜头自然随时会出现。

将营销事业作为人生的目标也是时代使命使然。21世纪是一个服务业大放异彩的新时代，营销专家也一致肯定，营销业必会在这个世纪中大放异彩，从业人口和产值亦将与时俱增。假如你已经肯定了这样的讯息，不知道你能不能为自己的人生勾勒出一幅目标蓝图呢？

再换另一个新角度来看21世纪的营销大趋势。在高科技与人类生活愈来愈紧密结合的现代社会，你是否了解科技在营销业上可能产生的实际运用呢？而你又是否已掌握了其中的技术呢？

不可讳言，电子科技的文明已经在20世纪末造就了一批"计算机文盲"，他们抗拒新知，不愿及时顺应时代的变迁，因此不仅逐渐失去了竞争优势也不知自己将何去何从。

在这个营销挂帅、计算机领军的新时代，营销的脉动与高科技必定密不可分，为了奔向有把握的未来，我们除了要清楚地了解营销业的脉动之外，更要以最高的意愿迎接高科技的技术跨越自己以往的局限，为未来的需要付出一切必要的努力。

时代的召唤和明确的目标，是辛勤的园丁加上肥沃的良田，让我们的克缇事业能在逆境中一枝独秀地保持成长。这样的优势使我们改变了"寒冬"的气候，让伙伴独享"四季如春"的甘美滋味。

不仅如此，打造春天永驻的人生还需要内在品德的修炼。"六大信条"恰如春天的风和日丽，不仅怡人怡物，也是生生不息的活力泉源。"六大信条"告诉我们圆满的家庭关系需要付出关爱、承担责任；圆融的事业成果也需要一心一意、努力不懈地冲刺；一生中不可或缺的深厚友谊，也是靠坚持不变的热心守护才能品尝那份甘醇与美妙！

21世纪孕育着营销通路的大革命，克缇事业正以春天般的蓬勃生机开创着时代的主流。大多数行业受市场经济循环的直接影响，唯独"三销合一"能够两面受惠：不景气时得人才，经济活络时得钱财。正是因着这样的信念，我们创造了跨越不景气寒冬，年年满满是春天的经营奇迹。

第六章

一眼心泉，涤荡灵魂的信仰

　　不是生活中缺少阳光，只是我们背对着太阳；不是心灵中没有温暖，只是恰逢冬日的严寒；不是迈不开奋进的步伐，只是前方的路途没有方向。能够给予我们阳光、温暖和方向的不是上帝也不是佛祖，而是寄存于灵魂之中的神圣力量。这方存于灵魂深处的神圣净土，就是我们的信仰。照亮克缇人的"六大信条"和"五大原则"就是我们的信仰，在这里每个人都能聆听到最真最近最善良的心声。

"六大信条"，撒播希望

　　曾经有一个人和一名知名律师结伴环游世界。他们在旅行过程中看到了许多让他们印象深刻的事物，尤其在一个偏僻的县城所见，更是让他们毕生难忘。

　　有一天，他们在乡间散步，看见一个儿子拖着犁，一个老人扶着犁，在那里犁田。律师觉得非常稀罕，顺手拍摄下了这个镜头。偶然的机会，他将照片拿给一个附近的传道之人看，并说了自己的疑惑："其他的村民都是用牛犁地，为何他们会用这种古老的方法呢？"

　　传道人回答说："是的，这是少见的。不过，我碰巧认识这二人，他们很清苦，当本县信徒建会所时，他们亦很愿意有所奉献，但又没有钱，结果便卖了他们仅有的那头牛来奉献，所以现在他们就要代替牲口来犁田了。"

　　他们听后，愕然相觑，一时说不出话来。之后律师说："这是

216

愚昧的牺牲，为什么你们容许他们这样做？""哦！他们却不是这么看，他们只觉得那是莫大的喜乐，因为还能有机会摆上一头牛在主的工事上。"

这就是信仰和奉献的力量，凡是有所成就的人，必然心存信仰，并且乐于奉献和分享。

在我们这个行业中，凡是成功的伙伴大都遵循着我所揭示的"六大信条"，并以其作为职业生涯规划的依据。"六大信条"虽然简短，但其影响却非常深远。如今，"六大信条"不仅在台湾地区受到尊重，也受到了各种国际团体的推崇。"六大信条"的内容如下：

第一条，扶助值得帮助的亲朋，您就会有福气。

第二条，敬爱家人朋友，也必得人尊重。

第三条，把喜悦与人分享，喜悦也必会更加丰盛。

第四条，奉献爱心不求回馈的人，永不缺欠。

第五条，爱自己的事业，诚实对人，必得成功。

第六条，事事讲求分享，代代永得平安。

当初我曾对"六大信条"说："我将是你的实践者。"时至今日，我的人生规划已与"六大信条"融为一体，将它的功能发挥到了极致，我由点到线再到面，逐渐把它推广到了更多人的身上。

在我们这个事业中经常讲求"跨越"二字。所谓跨越，是我们希望能够做到"立足台湾，放眼中国，胸怀世界"。值得欣慰的是，台湾真正能做到"跨越"二字的事业体可谓屈指可数，而我们正是其中之一。每一个人、每一份事业都各有一片天空，我们要如何开创呢？人的生命有限，我们要用极短的时间争取极大的未来，唯有遵循"六大信条"并确实实践它，才能获得成功。现在，让我再来诠释一遍"六大信条"。

第一条，扶助值得帮助的亲朋，您就会有福气。

所谓"帮助"，本是人与人之间最平凡的一种互动，但随着社会变迁，人心变得越来越自私，普遍存在"只要我富有，其他人皆贫穷也无妨"的错误观念。

事实上，只要你不停地付出，帮助别人成长，自己也就能相对地取得成功。一个成功的人必然拥有很多朋友，一个人孤芳自赏往往是无法获得成功的。人力资源是世界上最丰富的资源，到底应该如何开拓？其实不必舍近求远，周遭的亲朋便是我们最佳的人力网络。

想帮助值得帮助的亲朋，首先就要充实自己的能力，否则会越帮越忙，反而使别人得到的帮助极其有限，对方对你的失望却可能是无限的，这就不是你的福气了。当一个人要伸手去援助别人时，要先衡量自己能否给予对方最有力的帮助。

另外，在帮助别人的过程中，我们最好不要希冀得到回馈，因为一旦怀有这种想法，就会使自己先受到伤害。只有我们不求回报地去帮助他人，福气才会自然来临。

第二条，敬爱家人朋友，也必得人尊重。

你要帮助人就先要帮助周遭的人，把周遭的亲戚朋友汇集成一股力量。俗话说："家和万事兴"，可以说，最好的学习地点首先就在我们每个人的家里。之后才是跨出家庭走入社会，把社会上互不认识的人凝结在一起。

那么，为什么要特别强调"敬爱家人朋友"呢？因为他们是你事业上的第一个阶梯。一旦踏稳了第一个阶梯，你就可能再登上第二个阶梯。想要从事营销事业的人，先要去认同你的伙伴，当你得到别人的尊敬时这朵美丽的云彩也就会愈扩愈大。

我们想要成就一番事业，必须对周边的人不断付出关爱与尊敬。当别人因此尊敬你的时候，这份事业就会像辐射圈一般产生极大的威力，由内至外一圈一圈慢慢地扩散，最后形成灿烂夺目的云彩。而我们这个事业的拓展就是从点到线再到面，最终交出了一张漂亮的成绩单。

第三条，把喜悦与人分享，喜悦也必会更加丰盛。

我们从事的是一份把生活中的喜悦带给别人的事业，伙伴们可以说个个都是幸运儿。

前人常说，跟好的朋友相处会产生正面的力量，跟坏的朋友相处会产生负面的影响。在我们这个事业中，每个人都会将快乐与别人分享，大家沐浴在喜悦的气氛里，彼此吸取经验共同成长，还会不断激励自己，培养乐观、积极的态度，这足可印证当我们把喜悦与别人分享，得到的喜悦也更丰盛的真谛。

每个人都想要听到悦耳的音乐，因为它会带给人们喜悦。人一生下来，本就生活在苦恼之中，我们怎么可以再把自己的烦恼强加在别人身上呢？所以我强调要与人分享快乐，这样才能结交到更多的朋友。如果你一天到晚抱怨，最后会连一个伙伴都没有，因为别人不会愿意听到这种不悦耳的声音。

美妙的音乐是人演奏出来的，动听的歌曲也是人所唱出来的。当你把喜悦传送出去的时候，它也会反馈给你，令你更加快乐。

第四条，奉献爱心不求回馈的人，永不缺欠。

回想一下，我们自从离开母体后可曾爱过别人，有没有为别人做过什么好事？如果答案是否定的，那么就从现在开始行善吧！

需要注意的是，我们在帮助别人、做善事时，千万不可怀有企图心，更不可刻意地到处炫耀，这是最愚昧的行为。在《圣经》中，耶稣教导我们，"你施舍的时候，不要叫左手知道是右手所做的，要叫你在暗中施舍。"因此，伙伴要懂得以平常心帮助大家成长，这是我们应该付出的爱心，不要奢求别人的感激，只有这样，心中才会充满欢欣，永不缺欠。

一个人当他心中充满喜悦时，就会萌生真诚的爱。真诚的爱是没有条件的，如果一个人抱着要中奖的心理去买奖券，当他没有中奖时，心中就会充满失望和怨恨的情绪；但如果他抱着捐出爱心的心态，就会比较快乐，不计较有没有中奖。

我们待人处世时，如果能够做到付出爱心而不求反馈，心胸自然会越来越宽广，也就没有什么事情可以难倒我们。所以，人世间的美好当从付出爱心、不求回馈开始。如果你用心体会这些理念，不仅可以使自己的人格完整，还可以使自己的人际关系越来越好。

第五条，爱自己的事业，诚实对人，必得成功。

每一位事业的经营者都想成功，也都爱自己的事业，相信从来没有人违反这个规则。然而爱自己的事业要有方法，我们要知道，人才是推动事业成功的主要动力，唯有人才能够创造财富、掌握财富，并发挥财富的终极价值。

事业是一个人安身立命的根本，爱自己的事业最重要的是诚实对人，唯有如此才能做到一贯讲真话。有些可怜的人将很多时间浪费在编织一个又一个谎言上，而诚实的人因为不会被谎言套牢，所以就有更多时间可供自己运用。

第六条，事事讲求分享，代代永得平安。

分享是能够使双方互惠的行为，一为施，一为受。施者不求回馈，受者心存感激，才能形成分享的良性循环，再与其他人分享。

分享是做人最基本的能力。一个婴儿从呱呱坠地开始，便已经懂得与他的父母分享情绪。他用哭来表示自己的需求，而父母在这一瞬间会生出对自己父母的感恩之情，因为"养儿方知父母恩"。一个社会一旦没有分享，就必然不会有安宁的一天；一个团体若没有分享，就没有团结的一天。

"六大信条"是一种心灵上的修炼，如果伙伴们只拥有专业技术和经营理念，却不懂得遵守"六大信条"，将成为一个口袋充满钞票但脑袋却空空如也的"穷人"。

　　我们所奉行的"六大信条"已掀起一阵研究的热潮；一群学术界人士把我所揭示的"六大信条"奉为儒家思想的最高境界，并做了深入的诠释。我们这个事业之所以能够不断蓬勃发展，毋庸置疑是每一位伙伴都熟识"六大信条"的结果。甚至还有人告诉我，他每天晚上都要诵读一遍再反省一遍。我深信，"六大信条"不仅在台湾能够畅行无阻，在全世界也可以通行无碍。

　　希望所有的伙伴皆能与人分享、遵循"六大信条"，开创出属于自己的一片蓝天。

"五大原则"，践行成功

在克缇事业中，有一位来自湖北宜昌的经销商，名叫田爱琴。她在总结几年间在克缇最大的体会的时候，将亲和力放在了最为重要的位置。亲和力是她积累自己的人脉资源，凝聚人心、拓展队伍、实现互利共赢的最好办法。

作为一个团队的领头人，她首先注重训练自己具有让别人愿意亲近的特质，以亲切的态度对待人，以亲切的魅力吸引人，设身处地替团队成员着想，让很多人喜欢与她做朋友。这样，市场顺应得到拓展，团队自然得到扩大，同时让自己过得更快乐、更有成就感。

其次，田爱琴还注重团队目标的制定。团队目标如果跟个人的目标一致，就有吸引力、号召力，这时团队成员就愿意合作完成任务。她经常引导团队成员心中要设定明确的销售目标，积极回应公司的月度促销及季度悬赏方案，将业绩指标分解落实到店、到人。

最后，她还积极帮助他人成长。克缇市场的开放，不断有新人加入进来，如何帮助这些伙伴成长，让他们在克缇大家庭里找到实现自我价值的平台和成长的空间，是非常关键的。她深知责任重大，把克缇事业介绍给他们，与他们共同学习，共同进步，共同收获健康美丽与财富。

从以上的实际分享可以看出，田爱琴的成功正是践行克缇"五大原则"的结果。

营销事业是开发人的潜能的事业，如果你把它当成一般的商业行为来做，这个事业在你手中将难以得到发展。而你是否能真正成大事，完全在于能否真正遵守"六大信条"和"五大原则"。

在揭示"六大信条"之后，应时势的需求和制度的改变，我又增订了"五大原则"作为伙伴们立身处世的标杆。"五大原则"的内容如下：

（1）热忱的服务。

（2）亲切的指导。

（3）专业的学习。

（4）团队的成功。

（5）个人的荣誉。

接下来我向大家具体阐述"五大原则"的内涵：

（1）热忱的服务。

不管是过去的企业家或是新生代的企业领袖，在竞争激烈的21世纪，除了讲求企业的效率以及产品的质量之外，都更加注重提升自己的服务。那么我们要如何更好地为他人服务呢？

在过去，因为我们以零售为导向，业务扩展得非常快，范围也很广，导致服务的质量不够理想。今天，营销事业中品牌众多，仿若进入了战国时代。因此，我们要特别强化服务的质量，让每一个客人都有一种备受尊宠的感觉。

我们要想成为一个优秀成功的领导者，态度一定要谦和，要让人觉得亲切、容易接近，这样彼此沟通起来才没有距离，人们才会乐于和你相处。所以，唯有你热诚待人，眼明手快，尽心尽力地为客人及伙伴服务，未来你的伙伴也才会来为你服务，为你其他的客人服务。

（2）亲切的指导。

任何一个伙伴，如果想要对他人做到亲切地指导，必须先将我们这个事业所有的指导原则全都铭记在心以便随时引用。否则客户问你问题，你不明白也说不出来，自己感到不好意思，脸上就开始显露出不高兴的样子，那以后谁还敢来问你呢？既然不再来问你，也就不愿意和你相处，更别提亲切地指导了。

因此，一个成功的领导者一定要能亲切地指导伙伴。如果做不到这一点，表示你还不具备领导的能力，伙伴也就不会对你心服口服。领袖人物要有亲和力，要懂得比人家多，还要敢于问别人，

"你有什么困难，需要我帮忙吗？"当然，这必得先要下狠功夫去学习、体验，才能把成果分享给别人。

（3）专业的学习。

《论语》中便曾记载孔子"入太庙，每事问"的故事。看到种田的庄稼汉，孔子会说："吾不如老农。"看到种花的园丁，他又会慨叹道："吾不如老圃。"正因为孔子从每一个人、每一件事上都能发现值得学习之处，他才会变得知识渊博，不仅可以洞达世情，还能够学通古今。

我们处在现今的高科技时代，各种信息科技正以迅雷之势改变世界以及我们生活的本质，如果我们不能认识到终生学习的重要性，那么在人生的各个方面恐怕都会面临不可避免的困境。

人的智慧有限，我们要想学什么像什么，就必须心无旁骛、专精于一。就如同我们学习乐器一样，什么乐器都会玩一点的人其实并不厉害，精通于一种乐器的人，往往可以闻名天下。能够使观众只听得其单一的乐音，就仿佛听到整个乐团在演奏，这才是真正的大师。

对于我们的事业也是如此，一定要倾尽个人全部的心力来投入。我们唯有专心、专业，才有能力对别人进行亲切地指导，我们的事业也才会登峰造极。

（4）团队的成功。

个人的成功其实还不算是成功，因为个人的业绩往往高低起伏很大，成功与否要看整个团队的表现。例如，团队的结构是不是健全不是看个人的表现。团队成功个人自然成功，而且这才是真正得以持久的成功。

让我们想一想，历届美国奥斯卡金像奖得主致辞时，为什么要感谢父母、爱人、导演、同事等，感谢周遭的每一个人，而不是夸赞自己演技好、表现佳呢？因为真正的成功者必知不能标榜个人，一定要追求、推崇团队的成功，只是由他来作为代表接受荣耀罢了。

（5）个人的荣誉。

个人的荣誉建筑在团队的成功之上。所以，我们所要努力追求的，实际上是整个团队的成功，而不仅止于达成个人的目标。团队的成功可以变成"大成功"，个人则只能达到"小成功"而已。

团队取得成功，个人才可能得到真正的荣誉，而这荣誉就是人的生命。一旦我们寻找到自己生命的意义，并在团队中发挥光热使团队获得成功时，也将同时获得个人的荣誉，这也就是为什么我要说，"一个人的成功不是自己的成功"的道理了。

另外，人生的荣辱不可预料，凡事还是心存厚道，给别人留些余地比较好。这样的做人道理看似退让、消极，其实却能为自己或者子孙后代留出更多的活路。希望各位能更扎实地忠厚处世，播种家业与事业的福田。

其实，能带领伙伴迈向国际、拓展未来的正是克缇的"五大原则"。如果你擅长经营管理、拥有了技术和金钱，却未能以"五大原则"为依归，我相信你未来的一切也将是空泛的。

只要你奉行"五大原则"，就会产生成长的动力，当没有事情能够阻碍你的成长时，财富也就会滚滚而来。我希望我们的这个事业是一个充满喜悦、活力、爱心与感谢的乐园。

"五大原则"所涉及的，不外乎是儒家的管理思想。儒家的管理思想是柔性的，也是适合中国人性格的管理模式。而中国人几乎从小就受儒家思想的熏陶，如果把这套思想运用在管理上，必能发挥"不战而克其兵"的效果。总而言之，只要我们切实遵循"五大原则"，相信大家一定能在我们这个事业上登峰造极，赢得社会的尊重。

克缇理念，充实人生

2004年，欧洲各大企业主管首度齐聚法国巴黎，召开大规模的"企业伦理经验和意见分享会议"，会议讨论的重点就包括如何将诚信等伦理价值落实在商业行为上。他们认为，若是人与人之间缺乏信赖和信任，将无法建立一个重视相互联结的社会。

无独有偶，台湾集成电路公司董事长张忠谋先生在亲自写下公司的经营理念时，也把诚信排在首位。他还详细阐述其中内涵：第一，说真话；第二，不夸张、不作秀；第三，不轻易对客户做出承诺，而一旦承诺，必定不计代价，全力以赴。

"信"的力量可谓无量、无边。当信与诚结合，便成为人际关系的钥匙；当信与念结合，便是一种无事不办的动力……换句话说，信念、诚信不仅可以造就企业"赢"的文化，也可搭起一座幸福人生的桥梁。可见，无论是精神生活或是物质生活，成功都要仰赖"信"力。

对于我们这个以人为本的事业来说，重视诚信更是一条制胜的不二铁律。自创业以来，我们的金字招牌是通过每一位伙伴的信念、信心、信用点滴累积而成的。诚信是提升我们人品和人格的根本，在鼓励创业的行业里，每一个人都是自己命运的主人，只是扮演的阶段性角色略为有异。而不论是面对客户还是团队，凡是能够普遍赢得信赖的自然会跻身优秀的领导者。

我们在和同业的角力互动上，其实一直是一种良性的品德之争。因此我们的事业连年蝉联冠军宝座，正意味着伙伴和客人、前辈与新人之间，都有"信"的力量贯穿其中。当然，我也十分了解上行下效的重要性，我对于自己做出的每一个承诺，即使并未诉诸文字，也会形同合约从不爽约。

赢得信赖象征的是一种提升与净化的人格特质。拿破仑曾说，"四十岁以后，面相是由自己决定的。"因此，如果你的心正、意诚、所言不虚、一诺千金，长此以往，你必然会具有一张"正"字标记的脸孔，让人愿意和你常相往来，进而对你委以重任、信托身家。

媒体调查台湾企业发现，诚信是目前最受重视的员工人格特质。无论是员工与雇主之间、员工与员工之间，或是员工与客户之间，遵守承诺都被认为是最重要的企业伦理。的确，企业品格是一种无法量化的竞争力。如果企业像一棵盘根错节的大树，品格则如同树根；当树根开始腐烂，不管树木有多么壮硕、茂盛，都已可预见其即将枯萎的命运。

21世纪，我们所要面对的正是一场品格的竞赛，相信大家唯有不断提升自我对诚信的要求，才能掌握未来的胜利。当然，在我们以诚信赢得客户信赖之后，还需要用优质的服务让客户真正感到满意。因此，我们还要具备正确的服务理念。在我经营事业的经验里，曾进一步地归结了经过研究证明深具实际效果的赢家心态——服务、感恩与荣耀，并将心得行诸文字，让有志之士一起来分享。

（1）辛苦是为需求服务。

我们的事业固然有愿景、有目标，相信每一位伙伴也都各自有着不同的动机。有人可能为提升自己与家人的物质生活而奋斗；也有人是为精神层次上的自我提升在努力。不管目标是什么，重要的是你必须诚实面对自己的需求，让自己付出的辛苦是值得的。

（2）汗水是为丰收服务。

服务即是付出之意。胡适说："要怎么收获，先怎么栽。"每一个期盼能在生命之旅中丰收的人都不能心存侥幸，必须脚踏实地努力付出，因此，当你为事业流下辛苦的汗水时，往往也意味着丰收的季节近在咫尺了。

（3）掌声是为励己服务。

当辛苦流下的汗水终于结出丰硕的果实，你成功了，身边肯定会有喝彩声与掌声。你该用什么样的态度来面对这样的荣耀呢？

千万不可自满或骄傲，要用掌声激励自己，朝下一个值得追求的目标迈进。

（4）智慧是为创意服务。

创意是企业进阶的法宝，也是人生境界转折的钥匙。我们在辛苦前进中所积累的智慧，唯有转化为源源不绝的创意才是最有价值的贡献。

（5）信仰是为愿景来服务。

你对自己的愿景深信不疑吗？如果是，那么，你已经成功了一半，要像对待百分百的信仰般地看待愿景，你的梦想必定会成真。

（6）成功是为社会服务。

回馈是企业的社会责任。企业的资源取之于社会，也应用于社会。个人也是如此，如果自己的成功能够回馈社会便是极有意义的贡献。

（7）快乐是为家庭服务。

快乐的家庭是圆满人生的根基。诚如"六大信条"第三条所说："把喜悦与人分享，喜悦也必会更加丰盛。"在打拼事业的同时，愿你一路与快乐同行并祈愿你和家人共享快乐。

（8）时间是为长进服务。

"一寸光阴一寸金，寸金难买寸光阴。"善于利用时间的人不但不会浪费生命，还会不断地求长进，苟日新、日日新、又日新。

（9）秒针是为向上服务。

"百尺竿头，更进一步"的功课不能停歇，就连一秒钟也不要放过。

　　除了这九条服务理念，还有一点不能欠缺，那便是我们再三强调的感恩心态。这种态度能够引领你超越负面情绪，通往喜悦与充实的人生道路，并懂得享受微小的每一步，欣赏生命中的惊喜与感动。你一旦体验到发自内心的感恩情怀，成功的荣耀会更为持久地伴随着你。

蓝海策略，创新经营

　　长久以来，台湾的咖啡文化一向强调喝咖啡要用热饮才是正统，冰咖啡只是配角，导致店家都不愿意花时间来研究如何改良冰咖啡的质量，因而其他咖啡店在与龙头星巴克的竞争中陷入了仅在店内环境与气氛上互相较劲的死角。对消费者尤其不公平的是，喜欢喝冰咖啡的人长期被忽略，他们只能被迫购买到难以入口的冰咖啡。

　　不过，有一家来自台中的"壹咖啡"异军突起。业主看到了市场的缺口，用一杯35元的冰咖啡，成功打进了原本不喝咖啡的族群。壹咖啡的店面较小，只做外卖生意，但仅仅花了不到3年的时间，壹咖啡就快速在全台湾建立起300多家连锁加盟店，令星巴克倍感威胁。这个故事正是成功地抓到商机，提升业界长久忽视的质量——蓝海策略的最佳佐证。

　　"壹咖啡"的成功就是采用了所谓的"蓝海策略"。两位任教于欧洲管理学院的专家著书立说，鼓励企业把策略焦点从竞争对手身上移开，专注大局而非数字，超越现有的需求，为客户创造出更有价值的创新产品，大胆改变原有的市场游戏规则。他们相信，唯有依靠这样的思维，才能从"血流成河"的激烈竞争中开创出无人竞争的蓝色商机。这就是一时脍炙人口的"蓝海策略"，而这其中蕴含的创意和营销智慧也恰恰能够体现出企业领导者的经营眼光。

21世纪的商业已从劳力密集和资本密集过渡到了脑力与技术密集的新时代。一个企业能否累积实力、屹立不倒，关键在于经营者智慧的高低。绝大多数的企业都依靠管理的智慧、创意的智慧以及营销的智慧来取决胜负。

那么，管理者如何经营企业才算得上是极富智慧呢？这就需要讲究一些策略了。一种经营策略是细水长流，为与社会相互供养型的智者之见。其手法合乎人性，不只照顾企业员工，还以"取之于社会，用之于社会"的回馈之心从事公益。这类企业多半守护着投资者的长期利益，因此树立起值得信赖的社会形象，拥有持续稳定获利的宝贵基础。

在台湾，台塑、国泰、新光等企业的发展史就像一部台湾的经济起飞史。他们的员工众多，企业脉动牵系着数以万计的家庭生计，与社会是否繁荣、安定可谓息息相关。因此，这类企业主的肩头往往一边肩负着企业成败的责任，一边肩负着社会道义的责任。

更有甚者，一些业绩傲人的企业或许还用企业积极的文化与价值观，对败落的世风和迷惑的人心起到示范作用，像奇美企业的董事长许文龙先生就是一例。眼见社会功利之风日盛，许文龙先生却以"分享、授权"的经营之道，昭示人与人共生共荣的和谐相处之道。他还深入到艺术领域，以深受音乐陶冶的身心，开创出多元化的人生价值观，因此赢得了人们的尊敬与极高的声望。

还有一种经营策略可谓不择手段。这种经营者通常会被批评为"无商不奸"，指的就是做生意的人大都为了赚取暴利而无所不为。其中有的人为了利益铤而走险，还有的人违反人性甚至饮鸩止渴。而这些不择手段的做法之所以一再被人沿用，是因为他们有利可图，不过一旦经过追踪考察，就不难发现这样的利益十之八九只是短利，终难日久天长。

每一种事业都像个性化了的人们一样，能够呈现出好与坏、善与恶的不同面貌。这对于力争上游的伙伴而言，应该具有相当的启发性。在训练自己成为一个有智慧经营者的过程中，我们一定要取法乎上，不做只求"打带跑"的短利之徒，而要学习正派经营、眼光远大的企业家，时时以担负社会责任为己任。

另外，我们除了追求自己期待的生活水平之外，也要重视他人是否得到了平安和快乐；我们自己如何被前辈扶持长大，也要以相同的胸襟扶持别人成功，以达到互相扶持，共同生存。唯有这样，我们所经营的事业才会产生良性的循环，也才不辱对社会应具的使命。

蓝海策略的价值，就在于它提醒企业要重新睁大双眼，找出那些被业界忽略的要素，从中创造差异化。同时，它也提醒企业要摆脱狭隘的眼光，深入探讨客户的需求，是需要更"讲究"还是"将就"即可。统合说来，蓝海策略提供了一个全新的思维：如何做出跳出既有竞争的态势，重新思考对客户创造有所价值的创新。

那么，什么才是属于我们克缇的蓝海策略呢？这是我经常思考，也倍感重要的一个课题。

在品尝壹咖啡的蓝海策略的同时，让我们不妨用同样的角度观察一下台湾的营销业吧！营销这个行业的历史并不算长，但一直都给社会大众一种蒙着神秘面纱的印象。从早期的政府法令规章不明，到商品价格不够透明化，到从业人员和业主存有"打带跑"的捞一票侥幸心理，营销业的社会形象几乎都是负面的。我们在这样的环境中奋斗，开创了不与经济周期共消长的业绩奇迹，也早已盘踞本土业界的龙头宝座。但若依循着同样的轨道继续前进，长久而言难免落入只与同业较劲的窠臼。

第一，身为业界龙头，我们拥有资源，也负有把营销的"大饼"做得更大的责任，如此必能跳脱同行相互争夺市场的困境。真正落实"营销生活化"的通货理念，就是我们这个事业在这个阶段独一无二的蓝海策略。我们在向顾客推荐产品时也要做到具体而生活化，这样"正派营销商"的面貌也会广为社会大众所熟知。

第二，正派营销商不仅是一种面貌，亦是一种心态与价值观。伙伴在个人的品德操守上务必要坚持修为，让诚实、正直、负责、和谐的德行日益融化在自己的血液里，做一个经得起时空考验的营销人。

成功营销人的必备条件

鲑鱼的原乡在加拿大内陆高山纯净的溪流中，这样的地方天敌较少，鲑鱼便于在此传宗接代。因此，鲑鱼们在这儿产下它们的子嗣，而鱼卵在小石洞的保护下，逐一安全地孵化为小鱼，并顺流而下，游至大海。

小鲑鱼在大海中接受滋养并逐渐长大成熟，在成熟后，它们开始往故乡回游，展开一段漫长的寻根之旅。返回原乡似乎是鲑鱼的天性、本能，在回到原本诞生的溪流之前，鲑鱼们会先在海、河交汇口停留一段时间，以适应无盐且密度大不相同的淡水生活。它们停止进食，用身上的脂肪维持将近1800公里的上溯旅程，身体的颜色也因此由暗绿转变为红色。

可想而知，在鲑鱼力争上游的过程中，一定有成功者也有失败者。最后，只有其中的佼佼者能够到达目的地。物竞天择的残酷现实是任何生物都必须面临的生存考验，鲑鱼也不能幸免。

然而，千辛万苦回到原乡，鳞片剥落、遍体皆伤的鲑鱼还来不及休养生息，便又要负担起交配、产卵，生育下一代的重大使命。它们会和父母一样，为子嗣寻好一个安适的窝，让下一代追循着它们的轨迹，继续完成壮烈的一生。

　　令人不可思议的是，鲑鱼的一生竟完全不脱离父母的路径。它们用身体中的基因来导航，从出生到回乡，父母已先行设定了避险的机制，鲑鱼唯有遵照导航者的指令，才能不走冤枉路，也才能趋吉避凶。

　　鲑鱼的生命故事告诉我们，成功的传承要靠遗传基因。换句话说，一旦我们按照成功者的基因图谱前进，前途自然会开阔光明。

　　我们曾于2001年举办过一次"阿拉斯加冰河之旅"，在这趟阿拉斯加冰河之旅中，我最难忘的并非矗立冰河绝壁两岸的原始森林，或是充满西部风情的淘金古镇。事实上，就和之前初游此地一样，令我深感震撼的仍然是在阿拉斯加南部的凯契根（Ketchikan）镇上，鲑鱼沿溪奋勇逆流回乡的奇景。

　　企业的"遗传基因"不外乎企业的精神与文化，它就像人类的基因图谱，揭示了企业能够成功运转的奥秘。当我飞越大半个地球，在太平洋彼岸省思鲑鱼的原乡之旅时，我深切地期许每一位伙伴都能遵循我们这个事业的基因图谱，最终找到距离成功最近的道路。

　　专家学者研究指出，营销行业是未来最热门行业之一。最有前瞻性的十大行业之一，势必会吸引更多的人来投入，但要如何才能脱颖而出呢？总的说来，一名成功的营销商应当具备健康的身体，积极乐观的态度，奉献、投入工作的热忱，承受挫折、焦虑、压力的能耐，不断追求创新与突破，敏锐的观察力与应变力，奉行六大信条等七个条件。下面我就为大家进行具体阐述：

（1）健康的身体。

健康的身体是一个人成为成功营销商的首要条件。营销事业是一个需要劳顿奔波的行业，除了需要经常接受教育训练、汲取新知之外，还要开拓市场、辅导伙伴、服务客人等，不只工作繁重还得东奔西跑，若没有强健的体魄是很难负荷的。

我们常期望我们的产品能给人带来美丽、健康和财富这三宝。只有自己拥有健康的身体，才能使客人相信我们这个事业能带给他们健康、美丽和财富。

（2）积极乐观的态度。

既然决心从事营销事业，就一定要抱着积极、乐观的态度去努力，不犹豫、不退缩，对自己有信心、对伙伴有信心、对公司有信心。在传递美丽、健康与财富的过程中，我们一方面要加强自己的心理建设，积极开拓市场；一方面则应让客人感受到我们的诚意，以及我们对事业的信心。

只要你乐于工作，并始终抱着积极、乐观的态度去耕耘，欢喜地与人分享，相信你就已经成功了一半。

（3）奉献、投入工作的热忱。

我们的事业是一个属于"人"的事业，能否"带人带心"，是决定我们的事业能否成功的关键，至于要如何让人心悦诚服地接受领导，则在于你是否能无私地奉献，是否具有投入工作的热忱。

只要你能无私地奉献，不断地向他人分享、传递你的经验，全心全意地投入营销事业。那么，你的亲朋便不需多走冤枉路，事业也就能快速地成长；相对地，你的伙伴得到快速成长，他才会愈发尊敬你、感激你。

（4）承受挫折、焦虑、压力的能力。

我们在发展事业的过程当中难免会遭遇一些挫折与困难，但我们绝不能因为一时的不顺心而灰心丧志退缩不前，甚至因此被击倒。我们要想成为一位成功的人，一定要具备百折不挠，承担挫折、焦虑、压力的能力，不能轻易认输。

只有禁得起高温、高压的考验，你才能成为耀眼夺目、身价非凡的钻石。而只要你诚实、正直、负责、问心无愧，相信再大的挫折你也能度过，并且最终成为一颗闪亮的钻石。

（5）不断追求创新与突破。

时代不断进步，知识也不断地在推陈出新，我们如果故步自封、停滞不前不肯学习，势必会被时代的浪潮淹没，最终被淘汰出局。一日千里的事业尤其是如此，因此我们必须要不断地努力学习，不断追求创新、突破，唯有这样才能使自己持续成长，并建立起专业的形象。所谓"苟日新，日日新，又日新"，说的就是这个道理。

（6）敏锐的观察力与应变力。

我们事业的光明远景吸引了愈来愈多的人投入这个事业，这一方面使我们的伙伴愈来愈多，另一方面也可能使我们的竞争对手愈来愈多。可以确定的是，因为市场愈来愈大，这其中的变化也就愈来愈难以捉摸了。因此，要成为一位成功的人，我们一定要具备敏锐的观察力与应变力，如此才能洞察先机或化危机为转机，以适应市场不断变化的需求，并领导伙伴一起迈向成功。

（7）奉行"六大信条"。

我们这个事业之所以能在短短的几年当中从无到有、以小搏大，最重要的制胜秘诀，在于伙伴们皆能奉行我所揭示的"六大信条"。

成功者大多具有敏锐的思维能力，距离成功的道路不只有一条，有的可以让我们很快到达，也有的会耗费我们大量的时间。因此，除了具备以上的七个条件，成功的经销商还需要运用思考的大脑找到离成功最近的道路。因此，我愿意在最后送给每一位勇士一份成功的思考秘籍：

（1）宏观思考。如果你期待抓住新的机会、开启新的视野，就必须拥有宏观思考的能力，而这种能力的关键就在于要集思广益。你可以去找真正认识并关心你的人，以及经验比你更丰富的人，真诚地请教他们的看法。

（2）专一思考。当一个人经验愈多位置愈高时，专一思考就会变得更为重要。至于应该专一思考些什么内容，如果你对自己有足够的了解，你应该专注在自己最容易开花结果的领域，并且善于运用自己的专业知识、天赋与才干来成就梦想，实现愿景。

（3）策略思考。这对生活中的任何领域都足以造成影响，其中最重要的便是它可以帮助我们拆解问题，使复杂的问题简单化。如果你能依据功能、时间、责任、目的或其他方法来简化问题，你会发现几乎所有困难的工作，都能因为策略思考而变得简单。

（4）反省思考。这就像心灵的陶锅，可以把脑中的想法以慢火熬煮到熟透。如何做到反省思考？最重要的是透过行动强化学习。因为反省过后，最能够帮助你成长的绝对是付诸行动，你的人生将因此改变。

（5）共同思考。善于思考的人，尤其是善于领导别人的人，都明白共同思考的力量。因此，我们能否召集到与我们志同道合的人才，是事业能否成功的关键。假若你所召集的人都懂得尊重他人，都能把团体利益摆在个人利益之先，都能为自己的决定负责，你必然会拥有一支精锐无比的团队。

只要我们努力具备成功人士的那些条件，又善于运用思考的大脑来把握商机，成功就指日可待！希望大家都能拥有一个全新的成功人生！

竞争中取胜的秘密

法国最知名的品牌——LV，堪称奢华名牌箱包的领导者，其一举一动都左右着时尚风潮。其品牌的创始人不过是一个来自法国东部乡下的捆工学徒，他在专门替贵族捆扎运送长途旅行的行李时发明了一种长方形、防水的皮箱，以方便堆栈。在泰坦尼克号意外沉船事件中，这种皮箱经过了恶劣环境的考验，得到了消费者的认可，"LV"从此声名鹊起。从1896年诞生的monogram花纹、Epi水波纹、棋盘格纹，直到近年来引领风潮的樱桃包都堪称经典之作，其追逐者遍及世界各地，为法国赚进大笔外汇，"LV"俨然成为品牌魅力的最佳写照。

第一次世界大战期间，巴拉卡伯爵夫人有个开战斗机的儿子，他用腾马作为自己的护身符和飞机的徽章，并用画有腾马的帆布覆盖战机。伯爵夫人是一个赛车迷，在1923年的一次赛车中，她对恩佐·法拉利说："把腾马印到你的车上吧！它会给你带来好运的。"恩佐·法拉利欣然同意。就这样，一匹腾空跃起的骏马便成为法拉利车的永久标志。

和LV、法拉利一样，世界上有不少历经百余年的老字号企业，业界在提到他们时除了多一份由衷的钦羡之外，总也有几分好奇："他们是怎么样走过来的？"企业的永续经营，相信是每一个经营者最终极的梦想；就像追求返老还童的仙丹，虽知其路甚艰，但古往今来却从不乏络绎于途的探求者。

世间事物有生必有灭、有成必有败。树木要想长青就必须经过大自然的考验，把不利生长的因素降至最低甚至排除在外；企业想要历久不衰则必须通过分秒变异的时代考验，不断维持企业生存的优势与条件，方能在竞争激烈的环境中脱颖而出，跨越被淘汰的宿命。那么，如何才能永保竞争优势呢？

企业必须要能打响自己的品牌。我们都曾经历过一段思维传统而封闭的营销年代，我们携手连心幸运地走过了20世纪，来到如今的新时代。然而，在这个新时代里我们不能用旧有的思维去发展。世界信息在瞬间即能通过网络传达到四方，相对于以往因信息取得不易而导致成长迟缓，如今克缇要面对的是如何利用快速、海量的信息实现迅猛的发展。

令我感到自豪的是，在这20年的经营中，克缇的品牌已经得到了大家的认可。比如一位艺术工作者因为皮肤变得晶莹剔透，而被许多友人追问她的护肤秘诀。她毫不吝惜地分享说："我是克丽缇娜产品的使用者，自从选择这个品牌之后，不仅以往的问题迎刃而解，更让我展现了从未拥有过的迷人肤质。"我们的产品以超凡的质量征服了这位艺术工作者的心，在试用之后，她断然放弃了使用多年的欧美名牌化妆品，在以后的岁月里她成为克缇的忠实拥趸。

"克丽缇娜"是我们赖以起家的第一个品牌，因为走的是营销通路，我们几乎不在一般的传播媒体上做广告。不像大多数护肤产品，总是被大笔的广告费用抬升了销售价格。厂家利用广告宣传塑造品牌形象，其结果往往是品牌的价值超过了产品的实质内涵。我们则不一样，20多年来我们不断研发适合亚洲人肤质的保养和彩妆产品，通过使用者的口耳相传，把品牌和产品一步一脚印地推介给有缘的社会大众。

这种日积月累的考验，终于使得我们的产品成为无数消费者心目中的"第一品牌"。其实，世界上所有的知名品牌无一不是这样被消费者所认知的。一旦良好的品牌印象得以形成，市场便会接受品牌所代表的意义与价值，它就会像一块金字招牌一般的掷地有声，被广大消费者追逐与收藏了。同时，品牌之所以会造就百年依存的魅力，往往反映了开创者过人的胆识和智慧。他们的精神和理念赋予了产品迥异的个性与风格，甚至异化为一种时代的象征。

在一切讲究营销的自由经济时代，除了产品会因品牌的不同而身价迥异外，每个人也都具有品牌意义。具有优势的品牌在当今信息洪流中更能立于不败之地，为企业的永续经营奠定基础。

当然，我们在提供优质产品的同时也不能忽略创新精神。诺贝尔奖的获得者日本京都大学福井教授说："研究就是要否定教科书的常识而写下另一页新的教科书。"而京都大学正是日本获得诺贝尔奖最多的大学。我们的产品只有与时俱进并不断创新，才能赢得客户的欣赏最终打造成品牌。

我们要想让企业经营永续就要不断学习。在知识爆炸、信息瞬间取得的现在，人生已非与终身学习挂钩不可。我们的学习范围可能会愈来愈广，为了增广见闻必须"事事好奇、处处学习"，为了自我提升必须"把眼光放远，脚步放近"。而"企业者，人之积也；人者，心之器也"，除非是企业里的每位成员都有这样鲜明的认识，企业才可能通过时代的考验成为永续经营的常青树。

21世纪对营销人员的考验是严苛无比的。在这个十倍增速发展的时代，人类几乎要无所不知，因为社会的变化实在太快、太大。作为一名营销人员，你或许可以不知道计算机网路，但你不能不知道E-mail的功用。甚至在地球村"天涯若比邻"的概念下，我们不但要知道人类过去的历史，也要知道地球的空间、各大洲的天气，乃至连各种民族间的文化、生活习惯都应有所认识。正如看到乌云覆盖就知道天要下雨，感觉风向变化就知道气候要变化，它是"常识人生"里的一环。

面对瞬息万变的时代挑战，我们克缇人不会、也不能缺席。身为克缇的大家长，在快速变动的外在环境中，我深切希望每一位伙伴都能确实掌握新时代的脉搏，在科技与人文的潮流中做个赢家，深耕细作打造克缇品牌。

第七章

善植无形，丰收有形

　　法国伟大的启蒙思想家孟德斯鸠说："在一个人民的国家中还要有一种推动的枢纽，这就是美德。"在这个物欲横流的世界里，我们往往追求财富、地位以及物质上的享受，却忽视了美德的价值。美德是一种善，一种心灵的闪光。美德和名誉才是一个人最有价值的资产。犹若人类赖以生存的空气，美德看不见、摸不着，而我们无法离开它而生存。美德无价！

播种理想和奉献

日本曾有一个大学生，每天清晨四点多钟，人们尚在熟睡的时候，他就背着工具箱在乡间小路出现。小路上常有破损的垃圾箱（当时的垃圾箱是用木板钉的，损坏率相当高，垃圾往往会掉到马路上），散溢的垃圾发出恶臭，路过的人总是掩着鼻子跑过。这位大学生日复一日地整理垃圾、修理垃圾箱，清晨时分也有许多散步、运动的人经过，路过的人总以为，他是市政府卫生部门派来的修理工。

有一天，一位邻居看到大学生在修垃圾箱，而这垃圾箱离他的家有半公里之遥，邻居觉得奇怪，就问他说："您是在卫生厅做事吗？"这位大学生回答说："不，我尚在大学念书，因为我想漏出的垃圾会影响环境的卫生，甚至常有野狗把垃圾拖得到处都是，影响大家的健康并造成不便，所以我将它修好，这样让大家都受益。"

如此高贵情操感动了大家，从此每天清晨都可以在这位大学生身边听到"早安！"的问候。而这则故事正说明了奉献爱心不求回馈的因果。

这位大学生毕业后，村中的每一个人都建议由他来当村长，后来他当选为国会议员。这也实证了"奉献爱心不求反馈的人，永不缺欠"的境界。

上面与大家分享的是一个因为舍时间、舍付出，而最终获得成功的故事。我所揭示的"六大信条"，一向被伙伴奉为制胜宝典。在"六大信条"的第四条里，我们谈到"奉献爱心不求回馈的人，永不缺欠"，其中的涵义是从事任何事业要能舍、能取，但取难，给更难。

这也就是我们这个事业成功的秘诀之一——"能舍才能得"。

任何事业，首先要谈"舍"，舍的是时间、舍的是关爱。没有时间谈不到关爱，两者一体相连。"六大信条"中所说的"奉献"，并不完全是指金钱或物质，精神层面也同样适用。当你觉得你所做的对别人有利，并且又不求回馈时才能乐此不疲地奉献，这种精神像涌泉般取之不尽、用之不竭，就如同付出但却永不缺欠。

如果你出门看到一个小孩被车撞倒，你把他救起来却希望他的父母感谢你，一旦他的父母没有表示感谢之意，你的心里一定很懊恼，甚至会因不平衡而不想再帮助人。这时，受伤害的不是被车撞倒的小孩而是你自己。因此，帮助他人千万不要希望回馈。那么，什么样的人值得帮助呢?

我们要从多数人中去挑选,就像捉鸡时要先撒一把米下去再看看哪只鸡比较大一样。在一波波的训练中,愈靠近我们且按部就班、没有偏差的人,就是值得我们帮助的人。

我们的奉献就像是播种,不可能一播种就立刻生根、发芽,可是它一定会发芽、生长。

一个农夫如果一播种,幼苗就被小鸟吃掉,因此懊恼而不再播种,结果饿死的只会是农夫而不是小鸟,因为小鸟还可以到别处觅食。农夫应当换一个角度思考,"我种了一百棵,小鸟吃了十棵,我还有九十棵。"可见,唯有不停地播种才能收获丰硕的果实。

根据我多年的观察发现,那些乐于奉献与付出的人大多是能够坚守自己理想的人,而他们的理想往往能够通过奉献与分享而最终实现。

2002年,我们在世界经济普遍低迷不振的大环境里,再度写下了一段"皇天不负苦心人""事在人为"的鲜活见证。这一段经历不仅对我们这个事业的发展轨迹富有意义,相信也是探求人类潜能的心理学家深感兴趣的研讨课题。

在人类文化遗产中最珍贵的应该就是理想了。我们这个事业是一份可以世袭的事业,你打算让子女继承的与其说是事业本身,倒不如是一份理想。理想是实现之因,现实是理想之果,如果伙伴们能世代都坚守理想,我们必将成为全人类中的"旺族"。

或许你认为自己的区区理想不过是一首不见经传的"小人物狂想曲"，但我们终能证明"众志可以成城"。当伙伴以我们这个事业为中心画圆圈，有的人希望倾毕生之力成就同时拥有健康、美丽与金钱的"财富人生"；有的人希望弃一己之私扶持周遭的贫病弱小；有的人希望传播"做自己生命主人"的福音……个人的理想都转化为坚强的使命感，再体现为具体的目标，在每日、每月、每年的行程中坚持实践，这不正是我们总能逆势成长的真正秘诀吗？

在一个充满不确定因素的年代里坚守理想，这是何其不易的情操！环顾四周，不少政治家在实践自己当初的理想过程中虎头蛇尾，因此被讥嘲为"政客"；不少企业家对自己的社会责任虚与委蛇，因此渐渐在巷议街谈中沦为"奸商"……

现实中，坚守理想的人永远是屈指可数的极少数，他们往往因此而万古流芳。例如"岳母教忠"，一个母亲的理想造就了精忠报国的一代忠臣岳飞；孙中山先生推翻专制、建立民国，虽然革命之举一再受挫，但他的执着而不妥协终于为世代的中国人开创了更为自由的生命空间。

理想恐怕是世界上最难以批量生产的东西，因为流于言谈的理想只是空话不具任何实力；要让理想化为力量唯有力行实践一途。不可讳言，理想虽美但实践却难，它必须通过日复一日的自我淬炼，强化意志力、提升人格，并且永不放弃，方有到达成功彼岸的一天。

我们这个事业是一份属于"人"的事业。自创办以来，因为与人密切而频繁地接触，我早已成为一个喜欢观察人类行为的心理学爱好者。根据我的观察，我们之所以能在经济寒冬中开得梅花扑鼻香，除了我们感恩与分享的企业文化培植了沃土之外，还因为伙伴们个个具有理想并且坚守实践，努力不辍。

点亮信心与勇气之灯

克缇洁容霜产品发明之后，产品虽好，却面临着市场管道的难题。美容产品最理想的管道应该就是美容院。

于是，我们寄希望于遍布大街小巷的美容院，以寄售的方式与各美容院合作。但是美容院的经营者可以选择的品牌非常多，各大美容产品的品牌也会提供各种各样的优惠促销政策。与克缇的洁容霜竞争的不是美容院的经营者或者美容师，而是诸多的美容品生产厂商。为了与大大小小的品牌竞争，我不得不采用了更为优惠的赠品政策。赠送的东西越来越好，成本越来越贵不说，美容院的压款就是一座不可逾越的大山。延期付款之后的收款催款更是成了一项需要耗费巨大的精力和时间的工程。

一段时间下来，压款越滚越多，产品虽然卖掉了，却没有流动资金可供使用。所有的货和账款全部都押在美容院。我们的经营面临着巨大的困局。

在创办事业之前和经营克缇的过程中，我们所遭遇的人生挫折不知多少，这不过是其中很小的一次波折。虽然艰难，却也在坚苦卓绝的磨炼中培养了足以粉碎厄运的勇气。我曾有感而发地写下了《成功必要有勇气》的自白：

走在破碎玻璃铺成的道路上，

脚板滴着鲜血；

行在万箭穿梭之中，

只见遍体鳞伤。

却仍忍受那孤独的无奈，

展露那仅剩的笑容，

高举着沾血的破衫，

喊出那仅剩一分贝的沙哑胜利声……

尽管窗外凄风苦雨、冰雪纷飞，但春天终会扫尽一切阴霾、翩然降临大地的。你有没有在不敌寒流侵袭时丧失过这样的信心呢？或者，只是因为曾经伤风感冒就不再有勇气接受风雨的洗礼呢？

我们的事业从无到有，如今办公大楼就坐落在大台北首善的信义计划区内，这是过去20年来我们凭借信心和勇气所缔造的具体成果。摩登、坚实的全丰盛信义105大楼作为克缇的"硬件"几乎已名满业界，但或许你还没有机会认识，我们这个事业经过20年耕耘所建立的产品研发"软件"。相比创业时的一无所有，只能用那"仅剩一分贝，喊出沙哑的胜利声"的豪情，未来的第二个20年，我们的事业在制定目标时所凭借的信心和勇气，是更具体、可行的。

再如人类登陆月球的大事记。阴柔而美丽的月亮一向是不同国度的人讴歌的题材，美国的科学家则相信月球有生物并且绝非遥不可及，也相信自己可以通过适当的工具登陆月球，一窥其中奥秘。正是这种信心的力量，使美国航天员阿姆斯特朗终于乘着火箭的翅膀实现了科学家的梦想。

我曾长期观察成功者与失败者的区别。为什么在同样的环境里，碰到类似的处境，有人勇敢面对挑战，有人却悲观地自怨自艾呢？我发现，这是源自于不同成长背景下，耳濡目染、思想熏陶所养成的思考与认知的惯性。

社会上大多数人都缺乏自信心，当遇到困难时他们常常认为"命该如此""我只是个平凡的人，不可能做成大事"，殊不知，这种惯性的思考一旦变成信念就会导致失败的命运。

事实上，决定一生成败的通常只有一个"能"字。"能"是人类语言中最有力量的一个字眼，也是所有积极思想与正面心念的根源。"能"代表了你对自己的善良本性与无限潜能的高度自信，并愿意通过不断的学习和实践，把自己的爱心、信心、诚实、希望、乐观、勇气、进取、慷慨、包容、机智、诚恳等良好质量化为具体的行动，让生命散发出夺目的光彩，让别人因你的成功而得到人生的激励。

因此，不论你是拥有万贯家财或是一文不名，不论你是一帆风顺或是身处逆境，心中都应该拥有代表"能"的两盏灯光以护佑自己。这两盏灯光一盏是"信心"，另一盏是"勇气"。有了它们，就足以克服人生旅途中的惊涛骇浪了。

"信心"的灯光在每一个人制定人生目标、实现理想和体现自我生命价值中具有关键性的照明作用。它让你永远不会向失败和贫穷屈服，坚定地相信你拥有更美好的生活权利。你会昂起头勇敢地面对世界，无论遇到任何困难都要坚持下去，因为你深信自己生来就是为了完成当下任务的。

事实上，凡生为人就会有软弱的时候，差别只在于你是否能够找到方法，让自己平安度过某一段时期心绪上的低潮。假如你有力量、够坚强，就会发现无论遇到任何困境都会等到峰回路转的那一天。

信心是人的一生中最为珍贵的财富。只有信得过自己的人才会遇到伯乐，而伯乐也才能放心地对其托付责任。其实，人来到世上本来就应该堂堂正正地挺立于天地之间，毫无畏惧地面对生活。

在我们的人生旅途中，"勇气"是另一盏非常重要的灯。在德国诗人歌德留下的文稿中，就有不少歌咏勇气的诗篇。他写道："你若失去了财产，你只失去了一点；你若失去了荣誉，你就丢掉了许多；你若失去了勇气，你就把一切都丢掉了。"

天下无难事，只怕有心人。当你觉得自己在人生的道路上只是一片迷茫，分辨不出方向时，只要点亮"勇气"这盏灯就能化解恐惧和疑惑的阴霾，一步步地继续往前走。你会发现，每前进一步就能够把下一步路看得更清楚。如果你犹豫不决、驻足观望，你终究找不到自己的方向。你要发挥所有的才能、激励所有的潜力去肯定自我，必能承担重大的责任，并主宰属于自己的人生目标，而绝不自暴自弃。只要信心在勇气就在，努力在成功就在。

在四季更迭的气候变化中，我们亦曾经历过酷暑严冬，却也因此深深体会到了：纵然身处困境也无须惴惴不安，企业就和个人一样总是从晦暗未明处涌出了最宝贵的生命之泉。请牢记，我们不能因为短暂的时运不济就抑郁寡欢，忍耐低潮虽然有些痛苦，但成熟的果实是最美好、最香甜的。

我们的事业已背着装有信心和勇气的行囊准备迈向第二个生命中的春天，如果你也是有志之士，请不要错过这段生意盎然的旅程。

爱与分享创造人生奇迹

牛泽毅一郎是《把HONDA汽车卖给TOYOTA社长的方法》一书中的主角。

牛泽毅一郎本是一位初入行时并不熟悉业务工作的门外汉，在东征西讨开拓市场的过程中突然开窍。在他领悟到个中要领后，经过不断地自我实践终于在日本的营销业务领域大放异彩。牛泽毅一郎最大的成就在于，豪气万千地挑战了一个一般人视之为天方夜谭的题目——把HONDA汽车卖给TOYOTA社长，并且他成功了。

从书里认识的牛泽毅一郎，让我有惺惺相惜的知交之感。尽管牛泽毅一郎在其17年的业务生涯中从未涉足汽车行业，读完他的经验分享之后，我相信只要掌握到牛泽毅一郎从事销售的心态、技巧和方法，互为竞争对手的汽车老板的确可能自掏腰包购买对方产品！

这样的肯定不仅在于牛泽毅一郎曾创下日本第一、世界第三的保险业绩排行，更源自我创办克缇事业以来体验到和这位业务高手不谋而合的成功之道。

牛泽毅一郎从外行变内行，由内行到顶尖，其中关键的心态转折正在于"站在客户的立场思考和行动"。他"一心一意只想获得顾客的信赖，成为对顾客有帮助的人"，因而建立了良好的人际关系，甚至成为许多优质客户的智囊，人脉日益拓广。他对客户的需求深具同情心和同理心，并力行"有施才有得"的亘古铁律，不惜为顾客鞠躬尽瘁。他懂得善用心念的力量，所谓"心想事成"——只要相信就有奇迹就有能力，他对此奉行不渝。他将所有和生活有关的经验和学习最终都应用到了业务上，因此激发了成长的原动力，这种不断向上看齐的心态和做法彻底转变了他的人生！

"牛泽法则"所彰显的态度和做法，究竟是他个人的独门绝活还是放诸四海而皆准的通则呢？十分有趣的是，我在创办事业时便以前半生经验所参悟到为人处世的幸福之道，写成了伙伴们从业所应遵奉的"六大信条"和"五大原则"，内容恰与"牛泽法则"多有不谋而合之处。

21世纪以来，国际经济疲软不振，天灾人祸纷至频传。美伊战争爆发，法国、巴厘岛、菲律宾、德国……接二连三的恐怖爆炸事件突显了人类的仇恨与斗争。这是一种怨愤冲天，非以"你死我活"终结不可的极端手段。而经济的寒冬更是全世界共同的愁绪，结构性与经济周期循环的双重因素，使得失业率普遍地不断攀升。

有人甚至悲观预测，20世纪20年代经济大萧条的历史即将重演。

不景气伴随的社会副产品，往往是一桩桩的自杀、抢劫、诈骗、脱逃……就像一出无止境的连续剧般，社会上的气氛已嗅出不平、不宁的躁动。有人在经济的低谷中放弃了希望，因为四周的空气冷冽，触摸不到一丝温暖；有人在激烈的适者生存竞赛中败下阵后失去了可贵的自信。要在这样的艰难时机中谈发展、求成长，似乎要有非同寻常的策略不可，逆势成长就像在沙漠之中寻找绿洲一般。

在克缇的事业之中，前辈们始终用爱心、耐心与信心对待来自不同的环境、不同背景的每一位伙伴，这种真诚的爱护相当具有感染性，久而久之就形成了一种"爱与分享"的文化。"爱与分享"正是我们奉行不悖的思想守则，它会自然而然地凝聚伙伴，让大家的方向一致、目标一致、理念一致，甚至于思考要一致、精神要一致、信心要一致，方向也要一致。

在克缇，"爱自己的亲朋、事事讲求分享"一直是大家行事做人的圭臬。我们相信，我们经营的是一个传递人间美与爱的事业，因此伙伴们不仅敬爱家人朋友，也热爱自己的事业；我们不仅发挥有福同享的袍泽精神来回馈社会，也因不断地分享，造就了自己日益完美的人格。

爱的力量一向是无远弗届甚至无所不能的。一个奉献爱心不求回馈的人，心胸自然会愈来愈开阔。若是地球上的每一分子都能宽大为怀，天下自然太平又如何会有战争？

分享更能止干戈、创和谐。事实上，世界是否和睦、人与人之间是否和气，关键都在于人们是否愿意相互分享。也就是说，一个社会若没有分享就没有团结的一天。只不过，分享是一种双赢的行为，唯有施者不求反馈、受者心存感激时双赢才能永续。

眼见我们的社会面临多方的挑战，身为事业的伙伴，你是不是也有一分"舍我其谁"的使命感呢？我们有能力更有责任，为社会的和谐尽一分心。期许每一位伙伴都能把关爱散播给四周的亲朋好友，并且永不吝惜分享自己的经验与成果。

爱与分享是"六大信条"和"五大原则"的核心思想，也是克缇事业的本质。有成千上万在中国台湾、中国香港、马来西亚、新加坡、印尼等国家和地区的人，因为奉此圭臬不仅提升了生命的境界，还创造了更多的财富。我也因此才有力量不断地向不可能完成的任务挑战。

和牛泽毅一郎一样，我也是个喜欢不断地向"不可能"挑战的人。在这个过程中我们同时累积经验、汲取智慧，秉承"爱与分享"的原则，因此愈战愈勇、愈来愈有赢家的自信心。

1989年，克缇处于事业草创期，人手、工厂规模都很有限，不得不在三重工业区的巷弄里办公。20多年后，集团所属的数十家公司已迁入台北市信义计划区内崭新的办公大楼。我们在最受瞩目的新兴商业区内拥有了自地、自建的事业地标——全丰盛信义105

大楼。

除此之外，我们这个事业的足迹亦从中国台湾延伸到海峡对岸。自10年前，我们在上海设立总部以来，已经发展出遍及全中国的3 000多家加盟店，更在松江开办设备先进的工厂。正当万事俱备之际，又在台湾业界中率先拿到了祖国大陆核发的经营牌照，使得我们的事业发展如虎添翼。

事实上，我们一直以营销业的"深耕者"自居，为了保证产品的质量而选择了一条产销合一的艰辛道路，不但建立了自己的品牌通路，还更进一步地向研究发展耕耘。这样的建构无异是虎虎生风的一条龙，却也正是旁人眼中不可能完成的任务。多年来，克缇事业的伙伴们一再成功地挑战了"不可能"，引得许多学者兴味盎然地研究我们所创造的奇迹。

回顾我主持克缇事业的初衷，就是要把改变人生命运的方法与普罗大众分享。当此金融风暴余威犹存的逆境中，希望《把HONDA汽车卖给TOYOTA社长的方法》一书的读者们，在吸收了"牛泽法则"的精华之后不妨以克缇事业的舞台做试炼场，相信你一定也可以挑战不可能完成的任务创造属于自己的人生奇迹。

居安思危的企业"健康长寿"

　　美国的eBay，因为彻底改变了世界各地人们买卖东西的方式，使得公司完全跳过青春期直接迎来获利阶段。瑞士的Logitech（罗技）公司原来像是在低空飞行的飞机，随时可能会因撞上小山而一命呜呼，而在领导者团队的主持下，聪明地将产品多角化，跨入数码相机、游戏控制器以及无线设备等领域后，品牌顺利提升了飞行高度，不必再担心林立在市场上的小小山头。中国的搜狐公司，其创办人张朝阳曾经历经最让人难以承受的心灵折磨，不过因为适时提供了简讯服务而帮助公司渡过难关，使得搜狐的股价调升至网络泡沫化黑暗时期的上百倍。全球最具影响力的新闻以及政商杂志——美国的《时代》杂志，曾经刊载了一篇名为《我如何安然度过致命的科技崩盘》的文章。《时代》杂志的记者分头访问了遍布于美洲、欧洲、亚洲的15位科技领袖，深入分析他们如何能从科技崩盘的灾难中幸存下来。这些成功度过重重考验的企业主，不只是使公司毫发无伤，甚至还能使业务蒸蒸日上。他们的求生故事或许各有不同，但共同点是他们全都引领时代风潮，创造了市场新的需求或流行商品。

企业和人一样都是一个有机体，因有生必有死；因有病必会由盛至衰……不但生老病死的历程会重复轮转，预防、治疗可防止衰老的事实也一无二致。凡是重视身体健康的人都知道预防胜于治疗，为了防微杜渐，身体检查不可或缺。所谓不可或缺，不仅是要检查，而且还要定期做、持之以恒地做。

经营企业最困难的就是襁褓时期——前五年。这期间，一个从无到有的企业一定会因初成型而架构不周、发育不全。经营者如果一味抱残守缺、故步自封，这个有机体便可能难有机会茁壮成长，终而萎缩不振、百病丛生。因此，那些懂得适时通过体检调适组织机能的企业，必然比居安不思危的企业发展得健康而长寿。

自创办克缇以来，身为经营者的我无时不以医生的心态，不断地自我检视、深层反省，期许每一个前进的步伐能都走得稳健、妥当。换句话说，每一年、每一月，我们都在做自我的健康检查。通过不断的检视，我非常诚恳地去发掘问题，也以积极的态度去面对、解决问题。事实上，每当我们正视问题的时候，问题往往已减轻了一半。

为企业做体检应先从基本面来谈。如果经营者具有远见，从创办之初便须为企业文化扎下根基，进而不断检视它是否健康。唯有深耕企业文化，定期灌溉与施肥，才能期待它开花结果。

经营一个新兴的企业又如同照顾一株品种珍奇的苹果树一样，必须经历五六年的历程方能结出美果。果农花了5年的时间全身心投入，果树一旦发育完成开始结果后，他便可享受数十年的收成期。其中的关键在于，果农必须先付出才行，如果短视求速效则只会"欲速则不达"。

经营大多数的事业的人，就像是一个西装革履的体面果农。当你准备经营一株果树，并期待它发展成一个果园时，便需要先行检视基本面的培养，认定自己人生的价值观——种树需要每天都呵护。在此期间，果农必须以无比的爱心与毅力，无微不至地呵护果树，并因满怀期望而殷切付出。其中包括日复一日地锄草、抓虫、施肥，并经常为果树体检，谨慎地防范天灾、病虫害。

一个勤奋的果农必然全神贯注地照顾果树，甚至会把果树的生命当作自己生命的一部分。因此，服务与耕耘的精神应是你忠贞不贰的生活圭臬。克缇的伙伴们只要谨记果农体检果树的精神，一步一个脚印、脚踏实地地耕耘，发现问题、解决问题，前方满园的果实就指日可待。

为企业体检的另一层含义就是经营者要具备风险意识。新光集团创办人吴火狮先生说过："维持现状，就是落伍。"对绝大多数的企业而言，21世纪的前三个年头的日子实在不好过。世界变化的速度远远超过以往，简直令人目不暇接。凡是计划赶不上变化的企业都被时代的浪潮冲击得遍体鳞伤，有的甚至惨遭灭顶之灾。

面对严峻的考验，企业必须学会居安思危。21世纪企业的新精神，应该是静心倾听市场的需要，创新再创新、突破再突破、进步再进步……企业内的每一位成员，都要拿出战斗的勇气不断淘汰昨天的自己，其中包括过时的思想、因袭的惯性，以及得过且过的心态等。

居高必须思危，古人早有明训："无敌国外患者，国恒亡。"或许伙伴会问，对于所向披靡的第一名来说，如何定位敌国外患呢？事实上，真正的敌人正是自己，对第一名而言尤其如此。

在我看来，我们的事业如果有危机，必然出自伙伴满足自我现状的心态。经营事业正如逆水行舟不进则退。尤其是当我们站上了同业中的高峰之巅，眼见四下无人时很容易产生自满与松懈的轻敌感。那么，我们如何才能不骄纵自己的弱点呢？

首先，我们要勇于发现自己的盲点，进而与伙伴一起提升自己；其次，伙伴之间始终保持良性竞争，见贤思齐，见不贤则内自省；等等。这种种进德修业的功夫若从不间断，相信我们这个事业必能长保竞争优势，再多的挫折也将不过是强化体质的补药罢了。

善植无形，丰收有形

东汉时，羊续清廉自守，他虽然历任庐江、南阳两郡太守多年，但他十分注重自己的声誉，从不接受任何人赠送的礼品。

他到南阳郡上任不久，他的一位下属为谋私利，给羊续送来一条当地有名的特产白河鲤鱼，还向羊续夸耀鱼味鲜美，再三申明是自己打捞的，未花一分钱。鱼是极其珍贵的礼物，羊续拒收，推让再三，下属执意要太守收下。羊续十分为难，他想，如果不收，有可能扫了下属的面子，况且人家也是一片好意；如果收下呢，又怕别人知道后也来效仿。羊续就只好先把鱼留下，但他并没有把鱼送进厨房，等这位下属走后，羊续将这条大鲤鱼挂在屋外的柱子上，风吹日晒，成为鱼干。

后来，这位下属又送来一条更大的白河鲤鱼，想讨好羊太守。羊续把他带到房檐下，让他看上次送的那条鱼还挂在那里，已经僵硬发臭了。他对这位下属说："你上次送的鱼还挂着，已成了鱼干。请你把这两条鱼都拿回去吧。"这位下属觉得不好意思，悄悄地把鱼取走了。

此事传开后，南阳郡的人们无不称赞，再也无人敢给羊太守送礼了，"悬鱼太守"的美名从此流传下来。

古今中外的名人志士无不注重自己的声誉和美德，美国著名的钢铁大王卡内基也曾经说过："你可以把我的生财器具（指有形资产）全都拿走，只要给我留下人（具有经验、智慧和团队力量）来，三年之后我仍然是钢铁大王。"

卡内基的这番话发人深省，他要告诉世人的是：无形资产会转换成有形资产。他如果能表达得更完整些，或许下一句话会是，重视无形资产将使企业勃兴，重视有形资产却会导致衰败。

你是如何计算自己拥有的资产的呢？或许你拥有一栋住宅、两间店面、一辆豪华轿车和许多费心珍藏的珠宝、古董……你把它们一一登录下来，然后足堪告慰地以为自己必然已跻身于富者之林。其实，这样的认知相当普遍，只不过它涵盖的范围并不周全，以至于你很可能错估了自己的实力，或者说你错估了未来的投资方向。

资产未必都有形貌。大多数时候，无形的要比有形的来得更有价值，却也更容易被人忽略，因为它并非一般人的视力所能及。

无形的资产有哪些呢？就个人而言，名誉、美德、操守、品行、信用、资历、经验、智慧……举凡能够因此而让你的价值感倍增的都在无形资产之列。古人有言道，"名誉是人的第二生命"，却从未听人说钻石或是不动产就像生命一样的可贵。简言之，无形资产有若人类赖以生存的空气，它看不见、摸不着、嗅不到，而我们就是没有办法离开它而生存。

个人如此，企业、国家也不例外。对企业或任何一个组织、机构甚至国家而言，无形资产也要比有形资产更为重要。就像外商看台湾的投资环境，重视的不外乎是政治的稳定性、治安的良好与否、人民的勤奋程度……一个企业的实质价值往往也是通过商誉、口碑、企业文化、团队精神，以及员工的士气等看不见的因素日渐积聚而成。简单地说，社会对企业的认知有如一个人头顶上的光环，它有大有小、有强有弱，代表的正是这个企业的无形力量。

当结构性的失业狂潮波及全球时，许多企管顾问开始对白领阶层的生涯规划提出如下建议：选一家信誉卓著的好公司，用全力以赴的态度忠诚地待下去，并且不断地学习，和公司一起成长。这个建议的着眼点就在于，好公司的无形资产能帮助人不被不景气的失业狂潮淹没，而历经这样的考验之后你个人的无形资产也会等比地增加。那么，到底有没有这样的一个行业、一家企业可以让你拥有这弥足珍贵的无形资产呢？

有这样一个行业，就从业属性而言，它可以和律师、会计师、医师等自由业者相提并论，从业者不定时地以专业服务客户，不太受朝九晚五办公室文化的束缚。

同时，这个行业具有零售性特点，人与人之间因货品的口碑而结缘。从业者进行销售行为的时间和空间具有高度弹性，只要双方约定，办公的时间、地点可以随时流动。这种变通性使此行业的从业者可专职，亦可兼差做副业获取第二份收入。

最为重要的是，这个行业具有高度的灵活性。许多从业者是从兼职开始入行的。从业者甚至不必出门，在家里拿起电话就可开始工作，自由度极高！而这通电话随时都可以打，不受上下班时间的限制。直到你确定自己的个性、意愿和认知，打算全力投入时，再规划完整的从业生涯也不迟。

这个行业有其独特的企业文化。从业者大多深以"寓教育于工作，寓工作于旅游"的生活方式为乐，其乐之大在于他们可以完全掌握自己工作的质量。这与传统的上班族的付出与回收不成正比，有着天壤之别。只要从业者积极地和亲朋好友分享工作的乐趣，传统上班族的种种遗憾就不会在你的身上发生。

很幸运的是，我们克缇进入了这个享有高度自由的行业。自从创业营销以来，我最能够感受自己做头家的喜悦。因为克缇身处的行业，营销正是一个享有高度自由、自己掌握命运、可以做自己主人的行业。

凡是健康的自由一定伴随着责任与义务，我们行业的自由也不例外。但是，在这个享有高度自由的行业里却也出现了许多不负责任的行为：有人为谋求暴利刊登不实广告；有人以虚妄的标志内容贩售货品；有人以打带跑的心态经营事业，捞到一票就走人……当然，若以这种非永续经营的手法来领导的企业，不太可能花心血去培养人才或重视伙伴的教育训练。

在台湾地区，直至近些年营销业的整体形象才稍有转圜。我们被纳入公平交易委员会的管辖范围，从业的规范变得有法可据，社会上也不再用异样眼光来质疑营销行为。为什么需要改变形象呢？正因为有太多业者只享受自由而不肯担负责任。

让我们思考一下，在行业人自给自足的同时，他所应该担负的责任又是什么呢？我想，当销售的服务开始时，也正是我们的责任开始之时。换句话说，每个行业的责任首先应由担负经营管理重任的领导阶层担当。所谓上行下效、上梁不正下梁歪，唯有业者自尊自重，以行动力执行永续经营的策略，我们行业才可能和其他行业一样出现令人尊敬的"经营之神"。

事实上，行业的责任同时也代表一种从业者的荣誉，也是其无形资产形成的途径。我花很多时间在研讨永续经营的典章制度上，希望凡是投入这个事业的人都拥有工作的保障及终生学习的机会。此外，我非常鼓励资深干部朝经营管理的方向发展，真正体验独当一面的乐趣。当我看到昔日的小树苗一天天地长成大树，那份浸润在责任中的喜悦真是巴不得能和更多的人一起分享。

总而言之，我们身处的行业的自由度在21世纪日益个人化的信息时代里是令人倍加向往的。但是有自由必有责任，唯有把自由与责任同时放在肩膀上，行业才能走长路也才更能受到社会的肯定。

而在行业中，只有这样的企业才能让我们自身的无形资产增值。

在业界，我们的克缇事业始终将对社会、对伙伴的责任放在首位，在克缇，你会充分体会到无形资产增值的快乐。因为，我们积累了20多年的实务经验，汇聚成功的智慧，有历久弥新的优良产品，有士气高昂的从业伙伴，更有遍布南北的营销通路……这样的条件，让我们具备了践行责任的资本，也足以把我们的雄心壮志与目标远景，具体地化为成功的力量。只要我们愿意一步一脚印地踏实耕耘，有朝一日，无形的资产终会转化为有形的实绩。

我们克缇事业的责任还体现在"视他人需求为责任"的企业文化之中。沐浴在"六大信条"所培育出来的文化里，第一条所言，"扶助值得帮助的亲朋，您就会有福气"，应该是每一位伙伴最能产生共鸣的经验！

作为克缇人，当贫穷成为我们的过去，我们继续奋斗的内在动机应该逐渐提升为满足人类心理需求的成就感、使命感与赢得社会尊敬的最高人格境界。而凡能赢得尊敬的个人，无论在哪一个行业大都具备了"在别人的需要上，总是看得到自己的责任"的人格特质。

在全球化和知识经济的浪潮下，一种不同于传统"老、残、病、童"的新贫阶级已隐然成形。这些"新穷人"或许是有工作能力却失去工作机会的白领族群，也可能是因社会结构转变而被提前解雇的蓝领劳工……我相信，像这样有工作能力，却没有工作机会的新贫族，"心贫"的困境往往更甚于物质的匮乏。

因此，如果我们能把做自己的主人的事业介绍给他们，能够把这些失意的人吸纳到这个事业里来，让大家共同学习、一起成长。同时，心手相连地收割果实，不仅伙伴本身会因分享而茁壮，社会也会因为彼此的照顾与扶持而更加祥瑞。

事实上，任何一个社会都难以避免有输家，不过唯有能提供双赢机会的事业，才能在救穷的同时更进一步地济贫。这就是克缇事业最大的责任和对社会的回馈。

我相信同时兼备无形与有形资产的人才是这个世界上真正的富足者。因为通过两者之间的交互作用，不但能提升无形资产的层次而且能丰富有形资产的具体内容。期许每一位伙伴都能在事业里善植无形、丰收有形。